韩山师范学院广东省粤东药食资源功能物质与治未病研究
重点实验室(2021B1212040015)资助出版

绿意探秘

生态公益林的动植物奇遇

叶培昭　黄伟潮　郑玉忠　主编

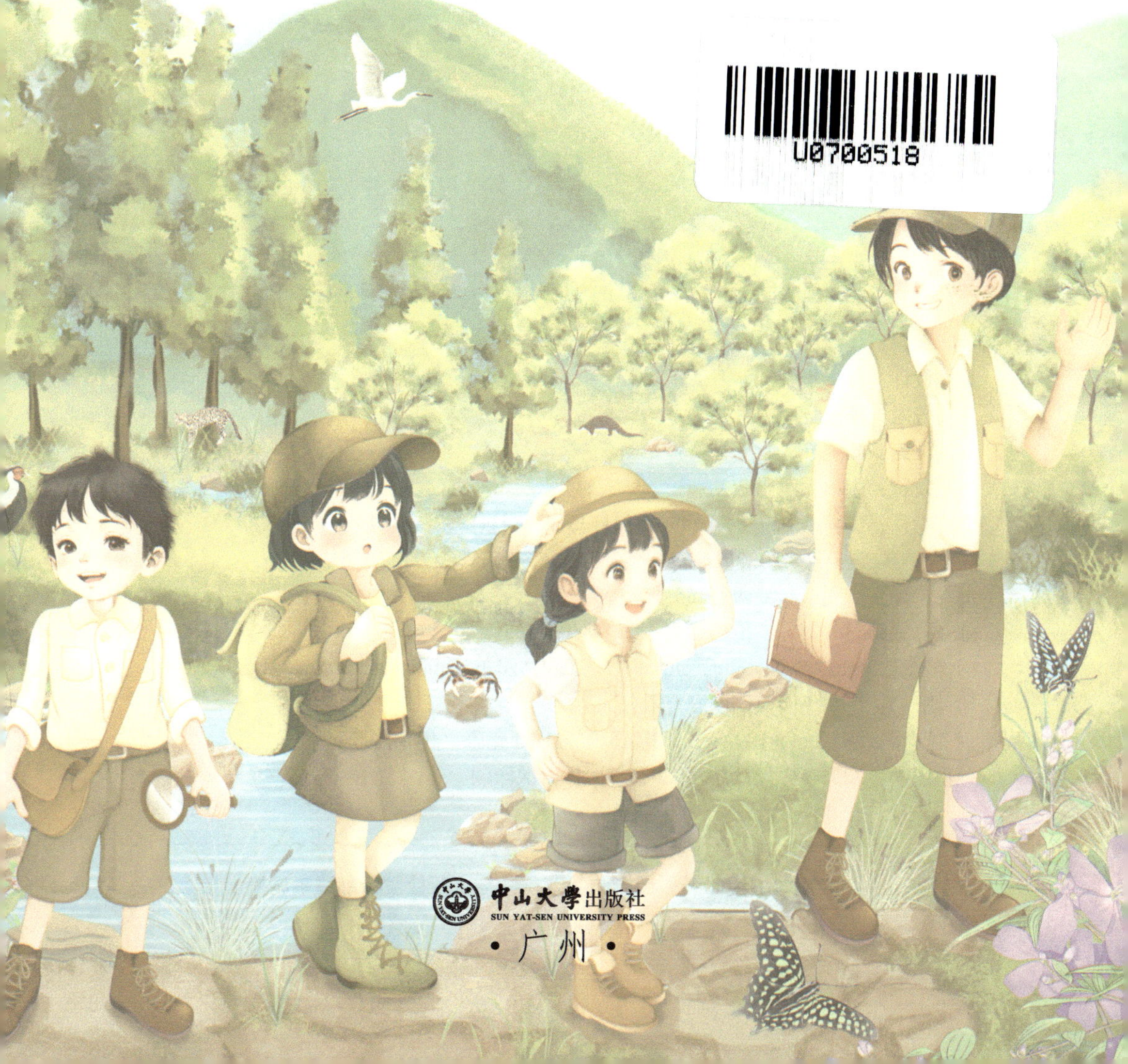

中山大学出版社
广州

版权所有　翻印必究

图书在版编目（CIP）数据

绿意探秘：生态公益林的动植物奇遇 / 叶培昭，黄伟潮，郑玉忠主编. —— 广州：中山大学出版社，2025.6. —— ISBN 978-7-306-08455-2

Ⅰ. Q95-49；Q94-49

中国国家版本馆 CIP 数据核字第 20253BF779 号

出 版 人：王天琪
策划编辑：熊锡源
责任编辑：孔颖琪
封面设计：林绵华　MUMU工作室
责任校对：陈　莹
责任技编：靳晓虹
出版发行：中山大学出版社
电　　话：编辑部 020-84111996，84113349，84111997，84110779
　　　　　发行部 020-84111998，84111981，84111160
地　　址：广州市新港西路135号
邮　　编：510275　传　真：020-84036565
网　　址：http://www.zsup.com.cn　E-mail: zdcbs@mail.sysu.edu.cn
印 刷 者：广州小明数码印刷有限公司
规　　格：787 mm×1092 mm　1/16　11.75 印张　190 千字
版次印次：2025年6月第1版　2025年6月第1次印刷
定　　价：58.00元

如发现本书因印装质量影响阅读，请与出版社发行部联系调换

编委会

主　编：

叶培昭（广东潮安凤凰山省级自然保护区管理处）

黄伟潮（广东潮安凤凰山省级自然保护区管理处）

郑玉忠（韩山师范学院）

副主编：

黄　维（广东潮安凤凰山省级自然保护区管理处）

黄永平（韩山师范学院）

席嘉宾（中山大学）

吴清韩（韩山师范学院）

刘亚群（韩山师范学院）

朱　慧（韩山师范学院）

张振霞（韩山师范学院）

张福平（韩山师范学院）

蔡雅虹（韩山师范学院）

刘曦庆（广东省动物学会）

张建生（潮州市生物多样性保护研究中心）

张健群（潮州市生物多样性保护研究中心）

夏立漫（广东潮安凤凰山省级自然保护区管理处）

吴　强（广东省岭南院勘察设计有限公司）

徐名川（潮州市潮安区生物多样性保护中心）

陈　广（广东省林业事务中心）

陈日强（广东省林业事务中心）

江堂龙（广东省林业事务中心）
劳素怡（广东省岭南院勘察设计有限公司）
梁惠珊（广东生态工程设计研究院有限公司）
王　筠（广东生态工程设计研究院有限公司）
袁梓淇（华南农业大学）
韦奕英（广东潮安凤凰山省级自然保护区管理处）

编　委：

曾杏高	沈钿洲	叶周杰	陈惠华	何　谷	黄楚芬	苏叶平
陈培琼	吴雪锋	文佳玲	梁惠玲	谢淳俊	潘楚云	刘伟莉
余奕勤	翁振坚	李艳容	蔡映姗	张智昌	陈心咏	唐　宁
刘慧林	张原铭	侯梦琦	袁　霖	关庆扬	杨伟明	黄　琪

编者简介

叶培昭

林业高级工程师,现任广东潮安凤凰山省级自然保护区管理处副主任。主要从事保护地动植物保护、自然教育等工作。主持10多项国家级、省级项目,发表论文10余篇,第一作者著作2部,参编著作2部,获国家发明专利授权6项,软件著作1项。新物种潮州越橘、岭南白毒蛾、镰白毒蛾发现者之一。荣获首届全国自然教育文创产品设计大赛金奖、铜奖(第一完成人),2024年"广东岭南动植物科学技术奖"特等奖(第一完成人),第三届"林浩然动物科学技术奖"特等奖(第一完成人),2024年广东南粤林业科技奖,等等。

黄伟潮

林业工程师,现任广东潮安凤凰山省级自然保护区管理处科研宣教科科长,广东省科普讲师团成员,潮州市科普讲师团成员。从事保护地动植物调查研究、科普研学、自然教育等工作10余载,是新物种潮州越橘、岭南白毒蛾、镰白毒蛾发现者之一。荣获首届全国自然教育文创产品设计大赛金奖、铜奖(第二完成人),2024年"广东岭南动植物科学技术奖"特等奖(第五完成人),第三届"林浩然动物科学技术奖"特等奖

（第五完成人）；获颁2022年"广东省自然教育之星"，2024年"长隆动植物保护奖特别奖"，潮州市科协"科普工作先进个人"等。

郑玉忠

中山大学硕士，香港科技大学博士，中山大学博士后。从事中药学和生物学等教学及研究工作达20年。曾主持10余项国家级、省级科研教研项目，已发表论文140余篇，其中SCI论文50余篇，主持或参与起草地方标准10项，获国家发明专利授权8项。荣获教育部自然科学奖二等奖（第四完成人）、广东省农业技术推广奖三等奖（第三完成人）、中国发明协会发明创业奖创新奖二等奖（第一完成人）。

序

  生态公益林,是指以为人类生存、生活和社会经济持续稳定发展创造优良生态环境为目的的森林,也是以保护和改善人类生存环境、维持生态平衡、保存物种资源、科学实验、森林旅游、国土保安等需要为主要经营目的的森林、林木、林地。

  近年来,广东潮安凤凰山省级自然保护区以凤凰单丛茶文化为特色,结合本土动植物、生境类型和自然景观,打造了"行走的小松果——中华穿山甲""凤凰茶香千古韵"等青少年环境教育课程,通过环境教育徒步、自然讲师科普动植物知识、植物标本制作、参观林下经济精品展等,为青少年带来一场场生动的环境教育实践活动,让他们深刻体会到生态公益林的重要性,以及我们每一个人在保护地球家园中的责任。

  在此,我向读者朋友们诚挚推荐此书,希望青少年一代能够借此契机,踏上探索自然奥秘的旅程,深入了解生态、由衷热爱生态,将这份认知与情感转化为行动的力量,共同为我们赖以生存的地球家园之未来,贡献自己的一份力量!

目录
CONTENTS

第一章　生态遗产：公益林藏宝

第一课：潮州楤——一种以潮州命名的植物 ……………… 2
第二课：凤凰单丛茶——一片树叶的故事 …………………… 16
第三课：神奇的中华穿山甲 …………………………………… 29

第二章　绿野探险：公益林探索

第四课：蕨类植物——美丽的观叶植物 …………………… 44
第五课：关于杨梅的那些事 …………………………………… 57
第六课：葡萄熟了 ……………………………………………… 68
第七课：爱莲说 ………………………………………………… 79
第八课：奇妙的昆虫世界 ……………………………………… 90
第九课：神奇的鸟 ……………………………………………… 102

第三章　植物奥秘：公益林研究

第十课：有毒植物——以美隐蔽的危险 …………………… 116
第十一课：植物入侵者 ………………………………………… 129
第十二课：植物营养器官的变态 ……………………………… 142

第四章　守护行动：公益林保护

第十三课：保护珍稀植物家园 ………………………………… 158
第十四课：森林防火 …………………………………………… 169

第一章
生态遗产：公益林藏宝

- 潮州蚰（yóu）——一种以潮州命名的植物
- 凤凰单丛茶——一片树叶的故事
- 神奇的中华穿山甲

第一课：潮州荒
——一种以潮州命名的植物

课程背景

● **背景一：新物种的发现，见证凤凰山保护区生物多样性保护迈上新台阶**

我们听到的每一个新的物种名称，其背后都隐藏着科研人员无数次野外采样、精心鉴定和描述等辛勤付出。无论这些名称对我们来说是熟悉还是陌生，它们都代表着独一无二的生物个体。正是这些不断发现的新物种，帮助我们逐步揭开广袤世界生物多样性的神秘面纱。然而，我们已知的物种数量，相较于那些隐藏在未知角落的生物而言，仅仅是冰山一角。

广东潮安凤凰山省级自然保护区拥有丰富的植物资源。新物种潮州荒的发现，不仅说明保护区不乏有待被发现的新物种，还反映了保护区生态环境的独特性。新物种的发现，不仅有助于我们深入了解植物世界的奥秘，而且为保护这个珍贵的公益林自然家园提供有力的科学支持。

● **背景二：保护生物多样性的使命刻不容缓**

在欣喜于新物种发现的同时，我们也应意识到保护生物多样性和生态环境的重要性。随着人类活动的不断扩张，许多物种正面临着生存的压力。保护这些珍贵的生物资源，就是保护我们自己的未来。我们应践行"绿水青山就是金山银山""人与自然是生命共同体"的理念，充分发挥森林多重功

第一章
生态遗产：公益林藏宝

能，满足人们日益增长的多元化需求。让我们携手努力，共同守护这个美丽的地球家园，让未来的世代也能够欣赏到生物世界的丰富多彩。

本课程围绕新物种潮州莜的发现展开，旨在让学员亲身体验发现、鉴定新物种的艰难过程，进而激发其对生物多样性保护的责任感，并积极投身其中。

教学对象及目标

教学对象
- 小学至初中的学生。

觉知目标
- 察觉广阔世界还有无数未知的新物种等待着我们去探索和研究；
- 了解保护自然生态环境的重要性。

知识目标
- 了解潮州莜的生长环境及形态特征；
- 评估潮州莜潜在的开发利用价值；
- 探究潮州莜的保护对策。

情感目标
- 激发学生保护生物多样性的责任感，使学生认识到保护生态环境人人有责。

教学工具

放大镜

笔记本

铅笔

显微镜

绿意探秘
生态公益林的动植物奇遇

课程准备

时间建议
- 至少提前一周完成第一次课的踩点。

场地建议
- 热身游戏和观察游戏都需要一个平坦开阔的场地，能容纳所有参与者围成一圈，并且可以自由跑动。开课前需要再次检查场地，确保场地不湿不滑，没有危险的石头、树枝等。
- 熟悉社区里常见的动植物。在场地附近寻找叶片或者果实作为分组物资，观察目前社区里可能搜寻到的自然物，寻找一些有意思的自然物（如蚯蚓的大便、羽毛、奇特的种子等），以便在课程最后进行分享。

课程内容

环节名称		环节概要	时长
环节一	问题导入	介绍凤凰山保护区的整体概况	10分钟
环节二	潮州荛科普	开展潮州荛主题科普知识学堂讲学，学习潮州荛的形态特征、生境分布、经济价值、生态意义及相关保护措施等知识	30分钟
环节三	漫步科普走廊	（1）了解科普走廊大概的植物分布及种类； （2）探访潮州荛引种生境	90分钟
环节四	生态守护者	分享、总结并发表爱绿护绿宣言	10分钟

时长：140分钟；场地：广东潮安凤凰山省级自然保护区和室内。

第一章
生态遗产：公益林藏宝

课程知识

● 潮州荵的分布

潮州荵目前唯一的发现地在潮州市潮安区凤凰山保护区。凤凰山位于北回归线的北边，潮州的西边。

想一想：
（1）探讨潮州荵有何秘密。
（2）潮州荵为何以"潮州"为名？

● 潮州荵原生地的生态情况

想一想：
（1）潮州荵为什么只分布在潮州？
（2）潮州荵为何不分布在其他地区？

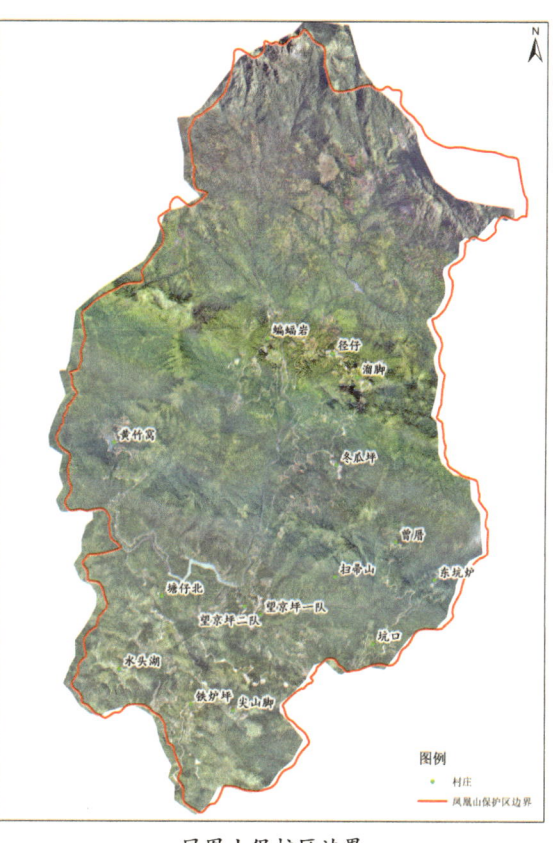

凤凰山保护区边界

潮州荵原生地调查

潮州荵原生地生态环境

5

绿意探秘
生态公益林的动植物奇遇

实地考察

从以上实地考察图片可探讨潮州荔原生地的生态特点：是不是水比较多呀？是不是有很多岩石？是不是有很多植被呀？是不是土壤比较肥沃？

● 潮州荔原生地的生态特点

气候：凤凰山地区属南亚热带海洋性季风气候，夏长冬短，日照充足，雨量充沛，气候温和，年平均气温21.4摄氏度，年平均降雨量为1685.8毫米，年日照数1440小时，相对湿度82%，属于高温多雨地区。凤凰山地形复杂，水库、山塘众多，水资源丰富。

土壤：凤凰山多为黄壤、红壤和赤红壤，呈酸性，pH为4.5～6.0；海拔700米以上黄壤、花岗岩发育，海拔700米以下为片麻岩红壤，海拔500米以下为花岗闪长岩发育的赤红壤。在凤凰溪两岸河谷盆地，有若干耕作区，分布有水稻土。

植被：凤凰山主要植被类型为亚热带常绿阔叶林、灌丛、草地，植物资源丰富。经实地探查发现潮州荔生长区的地表植物以草本、乔木为主，灌木数量较少，密度较小，处于伴生地位，该地植物种类具有显著的共性，都能够适应同样的气候和土壤。

潮州荔的分布实景

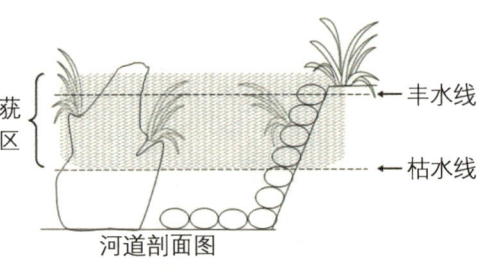

潮州荔的分布示意

潮州荿主要生长于小溪、河道边缘的石壁，以及浅河滩中间覆盖有泥土的石头上，多生长于石头和水的交界、阳光可直射处。

小溪和河道有枯水期和丰水期。枯水期一般从秋季开始，延续到次年春季，水位下降；丰水期一般在夏季，水位上升。潮州荿的生长区域就位于丰水线和枯水线之间，丰水期容易被淹，枯水期容易遭受干旱。

● **植物的"阶级"**

想一想：
（1）大家都了解哪些植物？
（2）这些植物分别属于什么科？

● **潮州荿原生地的伴生植物**

植物类群	科数	属数	种数
蕨类植物	3	3	3
裸子植物	1	1	1
双子叶植物	26	42	47
单子叶植物	3	9	10
总计	33	55	61

注：在潮州荿原生地的次生林中设置调查样方。

在样方中共记录有维管植物61种，隶属于33科55属（见上表）。其中，蕨类3种，裸子植物1种，双子叶植物最为丰富，共47种。按植物的形态特征分类，有乔木20种，灌木13种，草本植物28种。

● **潮州荓的形态特征**

植株	● 常绿亚灌木，高10～20厘米；基部分枝，很少在中间分枝。茎呈圆筒状，紫棕色，无毛，直径1.2～1.8毫米。叶互生，呈近螺旋状排列，很少在茎顶部附近对生，无柄；叶片线形或披针形，长1～3厘米，宽1.5～4毫米，革质，两面无毛，边缘大部分全缘，少数会具有2个非常不明显的锯齿，先端钝，基部渐狭。
花序	● 圆锥花序状排列的聚伞花序，花轴长10～20厘米，下部先开花，然后逐渐向上开花；聚伞花序腋生，通常有5朵花；花序梗被短柔毛，长3～5毫米。
花萼	● 钟状，开花时长1.8～2毫米，果萼长3～3.4毫米，花萼5裂，外被灰白色短柔毛；萼片由线形向披针形转变，长1.4～1.5毫米。
花冠	● 花冠白色，外表具小乳突，长6～7毫米，短筒状，二唇形；花冠管长2.5～3毫米，花冠5裂，花瓣4片，卵形，较小，长0.5～0.8毫米，宽0.6～0.9毫米，边缘全缘，先端钝；下叶较大（长3～3.5毫米，宽0.8～1毫米），有5～8条稀疏的小条纹。
雄蕊	● 雄蕊4枚，开花时，雄蕊和花柱均伸出花冠管外，呈直立状。花丝长度不等，前两个长7～8毫米，后两个长9～10毫米，无毛，白色或浅蓝色；花药蓝色，长2～3毫米。
雌蕊	● 花柱长7～8毫米，白色或淡蓝色；柱头2裂，长0.3～0.4毫米。子房无毛。
果实	● 果近球形，无毛，直径1.9～2毫米。果皮卵形，具翅缘，背面被柔毛；长13～1.5毫米，宽0.9～1.1毫米。

第一章
生态遗产：公益林藏宝

生长期

● 花期是12月至次年1月，果期是1月至3月。

潮州莸

● 潮州莸的显微结构

想一想：
（1）为什么显微镜下叶片颜色深浅不一？
（2）为什么显微镜下看着像毛毛虫？

潮州莸叶片横切面1：主脉维管束　　　潮州莸叶片横切面2：侧脉维管束

潮州莸叶片的上表皮和下表皮之间具有厚角细胞，中间是维管束，上面是木质部，呈辐射状排列。左右两边的上表皮有两层栅栏组织，排列比较紧密；下表皮没有栅栏组织，是比较紧密的海绵组织。

潮州莸只有一层叶片表皮细胞，表皮细胞不含叶绿体，上下表皮都具有气孔器，整个叶片的边缘为圆刀形，触摸时没有锋利感，触感光滑，侧脉有维管束。叶片是异面叶，受光不均匀，叶片上表皮受光强，呈深绿色，下表皮受光弱，呈浅绿色。

叶片上表皮中脉　　　叶片分泌物　　　表皮毛

9

在40倍镜下观察:

可以看到叶片的上下表皮都分布有密集的气孔器,且每个气孔都由2个肾形的保卫细胞组成。叶片的表面分泌有油性物质,呈白色点状分布。叶片中脉表皮毛分布区域没有气孔分布,上表皮的中脉表皮毛比下表皮稍多。

在60倍镜下观察:

表皮毛为透明单毛。在叶表皮上分布有具有分泌功能的表皮细胞,7个厚角细胞将其围绕在中央,且有气孔分布在细胞的周围。

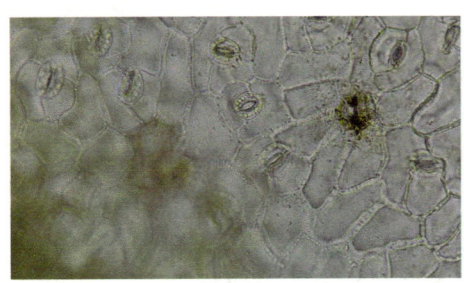

腺表皮

叶面气孔器

潮州荗的研究价值

| 种质资源调查 | ● 普查现存的潮州荗种群分布和资源丰度,普查、征集、搜集种质资源及相关信息,建立种质资源信息库,并妥善保存;以原生地为基础,建立潮州荗自然保护区,推进林草生态建设。 |

想一想:
(1)潮州荗有什么价值呢?
(2)潮州荗具有药用价值吗?
(3)要不要保护潮州荗?

| 濒危物种保护 | ● 加强潮州荗繁育技术的研究,利用种子、扦插、组织培养等方式,建立一套实用性强的潮州荗有性、无性快速繁育技术,以扩繁潮州荗野生资源,保护潮州荗种质资源。 |

潮州荗繁育

第一章
生态遗产：公益林藏宝

新品种选育
- 加强选育观赏新品种，从野生种群的自然变异植株中筛选优良单株，无性繁育建立无性系后，尽快在园林内推广应用。同时进行种间、野生种（特别是中国特有种类）与国外培育品种的杂交育种，以培育观赏新品种，丰富潮州荠的品种资源。

潮州荠的应用价值

潮州荠目前属于待开发的品种。它是我国唇形科植物中第二种具有互生叶形态的植物，种群数量极为稀少，亟须对其进行有效的保护和开发。以荠属的其他同类植物为例，可分析潮州荠潜在的应用价值。

观赏性
- 蒙古荠：
  蒙古荠花序纤长，为蓝紫色花型，具有繁殖容易、生长迅速、抗逆性较强、对环境适应性强等特点，是国家珍贵的野生稀有植物物种。夏秋季节是其花期旺季。可在干旱、半干旱等生态系统脆弱地区推广种植，是防止土地荒漠化、园林绿化建设的优良品种。
- 兰香草：
  兰香草花型奇特优美，花色迷人，气味芳香，较易管理，能填补其他观花植物的不足。其可为绿植，也可以作为庭院栽培观赏之用，是具有观赏价值的灌木佳品。此外，兰香草还具有花期长、花量大的独特优势，可作为蜜源植物开发，具有巨大潜力。
- 金叶荠、金边黄杨与金叶女贞：
  金叶荠、金边黄杨与金叶女贞均为彩色灌木树种。其中，金叶荠具有耐寒（-20摄氏度）、耐旱、生长迅速、萌芽力强、极耐修剪、移栽易成活等优势，在北方园林建设中，它比金边黄杨和金叶女贞更为常见。

| 药用性 | 对莸属植物的研究多侧重于其药理作用，如蒙古莸、粘叶莸、光果莸等含有大量的二萜类、黄酮类、环烯醚萜类等化合物，显示出一定的药理活性，具有抗肿瘤、抑菌、抗氧化等药理作用。 |

| 其他价值 | 莸属植物因具有优良特性，如抗旱、抗寒、对土壤适应性强等优势，如今多被用作防风固沙、绿化及恢复生态环境的优良灌木，其生态效益、经济效益和绿化价值日益受到重视。
对于莸属植物的栽培与观赏，主要集中于蒙古莸、金叶莸、兰香草；对其他莸属植物，如灰毛莸、小叶毛球莸、三花莸等的研究较少；培育观赏新品种还有待进一步的研究。 |

● **保护措施**

| 加强基础研究 | 利用种子、扦插、组织培养等方式，建立一套实用性强的潮州莸有性、无性快速繁育技术；在潮州莸适宜区大力发展人工种植，从而实现对潮州莸的有效保护，满足开发利用的需要。 |

| 建立自然保护区 | 针对自然保护区的生态环境现状，今后应紧紧围绕自然保护区的保护和发展需要来开展工作；建立野生潮州莸种质资源保护区，使潮州莸逐渐恢复自然种源。 |

| 加强保护宣传 | 制订切实可行的措施和办法，对民众进行保护野生资源意识教育，防止民众有意或无意的破坏，加强和规范对国家级公益林的保护和管理。 |

第一章
生态遗产：公益林藏宝

● **填一填：我观察到的潮州荙**

观察对象		潮州荙
观察内容	生长环境	
	生长类型	
	种群密度	
拓展内容	潮州荙个头不大，为何它属于亚灌木而不属于草本植物呢？	
	怎样有效保护潮州荙？	
	你还知道哪些植物是以潮州冠名的吗？	

13

成效评估

● 课程评价

学生课堂表现自评表			
评价内容	评价等级		
我能认真听导师讲课、听同学发言			
遇到我会回答的问题，我都主动举手发言			
我能积极参与小组讨论、参与合作			
我善于思考，并能有条理地表达自己不同的看法			
我能以恰当的方式指出同学解答中的错误			
我得到了导师的表扬、同学的赞赏			
我在学习的过程中感受到快乐			
最欣赏哪位同学的表现呢？为什么？			
我还有与这节课相关的问题问导师			

第一章
生态遗产：公益林藏宝

● 记录教学总结与反思

第二课：凤凰单丛茶
——一片树叶的故事

课程背景

● **背景一：悠悠茶史，香袭千年**

自古以来，茶便被视为养生、陶冶情操的佳品。据史书记载，我国茶的起源可追溯至神农时代，距今已有数千年的历史。在这漫长的岁月里，茶逐渐从药用植物转变为日常饮品，并进而形成了独特的茶文化。无论是文人墨客还是市井百姓，皆以品茗为乐。人们将茶融入生活，让茶香弥漫在千年岁月里。

● **背景二：不同茶类的茶性特征**

经过数千年的培育与利用，茶从野生植物逐渐演变成可大规模生产的品种。随着茶品种的逐渐丰富和多次变革，茶的分类标准也变得多样化。根据不同的分类方法，茶的种类各异。一般可依据发酵程度、制作工艺、烘焙程度等对茶进行分类。在国际上，较为普遍的分类方法是按照茶叶的发酵程度来划分茶的种类，而依据茶的色泽差异进行分类则是我国民众最为熟知的方法。

● **背景三：走进凤凰单丛茶，探寻一片树叶所创造的神奇魅力**

凤凰单丛茶，属于乌龙茶类，产于广东省潮州市凤凰山区。广东潮安凤凰山省级自然保护区内拥有丰富的凤凰单丛茶资源，通过科普课程，学员可以了解凤凰茶的形态、品种、种植、采制等方面的知识；通过实地参观和动手实践，学员们能够更加直观地感受到凤凰单丛茶的独特魅力，从而提高对茶文化的认识和欣赏水平。在符合公益林生态区保护要求和不影响公益林生态功能的前提下，经科学论证，可以合理利用公益林林地资源和森林景观资源，适度开展林下经济、森林旅游等。

● **背景四：潮茶情味之工夫茶探微**

在悠久的茶文化历史中，工夫茶作为一种独特的茶艺形式，承载着中华民族的传统习俗和审美情趣。本节科普课程旨在从潮茶的角度，对工夫茶的历史渊源、技艺特点及文化内涵进行深入探讨，以期为参与者揭示工夫茶的奥秘与魅力。

教学对象及目标

教学对象	● 小学至高中的学生。
觉知目标	● 认识成茶的分类及茶性特征； ● 认识凤凰单丛茶品种（系）的多样性。
知识目标	● 通过观察、记录等方式认识保护区常见的凤凰单丛茶品种； ● 了解凤凰单丛茶的制茶工艺； ● 了解潮茶文化之工夫茶。
态度目标	● 通过探究制茶技艺，培养追求卓越、传承创新的工匠精神；

- 积极参与茶文化的传播和推广，让更多人了解中国茶文化的魅力，为弘扬中华民族优秀文化贡献力量。

技能目标
- 掌握制茶技艺的第一步——采茶；
- 掌握工夫茶的冲泡技巧。

教学工具

茶具　　　　　　茶叶　　　　　　便笺　　　　　　剪刀

课程准备

时间建议
- 至少提前一周完成第一次课的踩点。

注意事项
- 穿着合适的服装：采茶时应穿着合适的服装，避免穿着过于宽松或过于紧身的衣服，以免影响采茶的效率和安全；
- 注意防晒：采茶时应注意防晒，避免长时间暴露在阳光下，以免晒伤皮肤；
- 注意防滑：采茶时应注意防滑，避免在湿滑的地面上滑倒或摔倒；
- 注意用具安全：采茶时应注意安全，避免使用破损或不合格的采茶篮、剪刀等工具，以免发生意外伤害。

第一章
生态遗产：公益林藏宝

课程内容

环节名称		环节概要	时长
环节一	凤凰单丛茶专题科普	介绍茶的历史背景、茶树的形态特征、凤凰单丛茶的制作工艺	40分钟
环节二	采茶	到保护区凤凰单丛茶种植区体验采茶过程	30分钟
环节三	潮茶文化体验	体验工夫茶的冲泡技巧	30分钟
环节四	活动分享	请参与人员分享本次科普课程最感兴趣的环节和感受	20分钟

时长：120分钟；场地：广东潮安凤凰山省级自然保护区凤凰单丛茶种植区和室内。

课程知识

● 茶的起源和历史

中国是茶树的故乡。在古代神话中，神农氏为了寻找治疗各种疾病的草药，曾亲身尝试百草。他曾在一天之内遇到72种毒性，幸运的是，他发现了一种名为茶的植物，并以此解毒。自此，神农氏将野生的茶叶采集起来，用作解毒的药物，茶从此进入了人们的视野。

> 想一想：
> （1）中国茶的起源。
> （2）中国茶的发展。

几千年来，茶的角色经历了多次变迁。从最初的茶药，逐渐演变成我们日常生活中的一种饮品。在当代，茶又成了养生佳品。现在，以茶养生的方式已经成为社会生活中最流行的时尚之一。

● 茶的生物学特性

茶［*Camellia sinensis*（L.）O. Ktze.］是山茶科山茶属的常绿灌木或小乔

木，茶树的叶片呈长圆形或椭圆形，基部楔形，边缘具锯齿；花1～3朵，腋生，白色，蒴果3球形或1～2球形，每球有种子1～2粒。野生种广泛分布于长江以南各省的山区，其植株呈小乔木状，叶片较大，长度通常超过10厘米。这些野生种是人类进行茶树栽培的原始材料。长期以来，经过人类的广泛栽培和选育，茶树叶片上的毛被及叶型都发生了很大变化。该形态差异带来的遗传资源，助力茶树品种改良创新，催生多元茶品、多样口感。

想一想： 生物学特征包括什么？

叶片　　　花　　　果实　　　种子

🟤 凤凰单丛茶介绍

凤凰单丛茶属于乌龙茶类，产于广东省潮州市凤凰山区。凤凰山人民历代沿袭单株优选、单株培育、单株采制的良好传统，形成了具有鲜明区域特色的茶叶品种（系）——凤凰单丛茶，它被誉为全国名茶中的杰出代表。凤凰单丛茶既是传统名茶，又是历史名茶，已有几百年的种植历史。

从野生型到栽培型，从挖掘移植现成的实生苗到选用种子进行精心的培育、筛选，人们不断地总结经验，使茶树品种不断得到优化、茶叶生产不断得到发展。明弘治年间，出产于待诏山的凤凰茶因其品质佳而成为贡品，被称为"贡茶"。清同治、光绪年间，凤凰山人民发现数万株古茶树，品质良莠不齐，遂对其进行观察鉴定，采用单株采摘、单株制茶、单株销售等方法，将优异单株分离培植，并冠以树名，故称凤凰单丛茶。

茗香茶韵，品味百态人生。茶品琳琅满目，品类繁杂，各具特色，可以根据不同的标准对茶进行划分。例如，以地域为依据，可分为江苏茶、浙江茶、四川茶等；以季节划分，有春茶、夏茶、秋茶、冬茶；以加工程度为标准，则可分为毛茶和成品茶。综合以上各种划分标准，我国的茶叶大致可以分为两大类：基本茶类和再加工茶类。基本茶类是基础，包括各种未经再加工的毛茶和精制茶。而再加工茶类则是在基本茶类的基础上，通过再次加工制成的产品，如花茶、速溶茶等。这些再加工茶类在保留原有基本茶类的品质特征的同时，融入了新的风味和特色，形成了独具特色的茶品。

> **想一想：**
> （1）何谓乌龙茶？
> （2）茶的分类标准是什么？
> （3）茶的种类有哪些？

基本茶类主要有6种，就是我们常见的红茶、绿茶、黄茶、黑茶、白茶和乌龙茶，其种类是以鲜叶在加工中是否经过发酵及发酵程度如何进行分类的结果。所谓发酵，就是一种生物氧化的过程。

茶的发酵通常存在以下4种形式：湿热氧化、菌类发酵、酶促氧化和自然陈化。在中国的六大茶类中，黄茶是经过湿热氧化过程形成的，黑茶是菌类发酵的产物，乌龙茶和红茶则是通过酶促氧化过程制备的。正是发酵工艺和发酵程度的不同，使得各种茶类具有其独特的风味和特点。

茶类	发酵程度	代表茶品
绿茶	完全不发酵	碧螺春、信阳毛尖
白茶	微发酵	白毫银针、白牡丹
黄茶	轻度发酵	君山银针、蒙顶黄芽
乌龙茶（青茶）	中度至重度发酵	铁观音、大红袍、凤凰单丛
红茶	中度至极度发酵	正山小种、祁门红茶、滇红
黑茶	重度至极度发酵（后发酵茶，属于微生物发酵）	六堡茶、普洱熟茶、湖南黑茶

凤凰单丛茶的加工方法

从采下来的鲜茶叶到制成商品茶，要经过晒青、晾青、做青、炒青、揉捻和烘焙等数道工序，如下表所示。

单丛茶的采摘必须掌握适当的时机，其中以驻芽一梢中开面二三叶的品质为佳	 采摘茶叶
晒青是利用自然阳光照射鲜叶，使其蒸发部分水分，达到凋萎、收敛、挥发青草气并使叶片香气物质进一步形成和积累的一道工序。晒青的目的主要是消除部分水分，改变水分含量，使叶片由脆变柔软，防止叶片发霉变质，同时也有利于叶片内含物的转化，提高品质	 晒青
将经过晒青处理的茶青移至室内，并放置在晾青架上，确保其处于阴凉、通风、透气的环境中。此举旨在使茶叶散发热气，降低叶温，并平衡调节叶内水分。晾青过程可帮助茶叶恢复紧张状态，以备后续制作	 晾青
做青环节是形成茶叶香气和品质的关键，通过碰青、摇青和静置三个过程的反复交替，使茶叶逐渐形成独特的香气和滋味。做青的过程对茶叶品质的影响至关重要，需要掌握技巧，严格控制每个环节的时间，以确保茶叶的品质和口感	 做青
炒青，也称为"杀青"，即利用高温来破坏茶叶中酶的活性，阻止其发生酶促氧化反应，从而防止茶叶继续氧化，并进一步巩固其在制作过程中形成的品质	 炒青（俗称"杀青"）
经过揉捻，茶条得以成型，外观优美。同时，茶叶细胞破碎，内含物渗透并黏附于叶面。在生化作用下，茶叶色泽变得油润，滋味浓醇，汤色艳丽且耐冲泡	 揉捻

续表

烘焙过程分为初烘、摊凉、复烘三个阶段，其目的是蒸发叶内多余水分，以利于贮藏，同时固定和增进茶叶品质	 烘焙

● **凤凰单丛茶十大香型**

凤凰单丛茶香型繁多，各具特色，这使得香型归类存在一定的难度。为了方便大家认知和品鉴，经过综合考察与行家的深入研究，我们将凤凰单丛茶的品名归纳为十大香型，包括桂花香、黄栀香、芝兰香、玉兰香、杏仁香、蜜兰香、夜来香、姜花香、茉莉香和肉桂香。每一款凤凰单丛茶都有其独特的香气，让人陶醉。

> 想一想：
> 你最喜欢哪个香型？

● **凤凰单丛茶的营养价值和保健作用**

凤凰单丛茶富含多种营养成分，包括茶多酚、咖啡碱、多种维生素、矿物质、儿茶素及茶氨酸等。这些营养物质对人体健康具有重要的作用。

成分	功效
茶多酚	具有很强的抗氧化作用，有助于清除体内自由基，延缓衰老
咖啡碱	有助于提神醒脑，促进血液循环
多种维生素	如维生素C、维生素E等，有助于保持皮肤健康，增强免疫力
矿物质	如钙、磷、镁、钾等，有助于维持体内电解质平衡
儿茶素	具抗氧化、抗炎、抗菌、抗肿瘤等生物活性，可预防心血管疾病和糖尿病等慢性疾病
茶氨酸	具有降血压、松弛神经紧张、放松、抗疲劳等作用

总之，适量饮茶可以给身体带来许多益处，包括抗氧化、提神醒脑、心血管保健、补充营养、抗菌抗病毒等。

尽管凤凰单丛茶具有诸多优点，但在饮用时我们仍需注意以下事项。

> **想一想：**
> 有些人一喝茶就睡不着，主要是茶叶中含有的什么成分引起的呢？

首先，部分人群不适合喝凤凰单丛茶，如孕妇、哺乳期妇女、儿童和有严重疾病的人。有消化系统疾病，如患有胃溃疡、十二指肠溃疡的人也不宜饮用。

其次，不宜空腹饮用。空腹饮用凤凰单丛茶可能会刺激胃肠道，引起不适。

最后，凤凰单丛茶中的咖啡碱可能会影响睡眠，所以晚上最好避免饮用。

总之，虽然饮用凤凰单丛茶有很多好处，但要注意上述事项才能充分发挥其保健作用，有益于身体健康。

● 潮州工夫茶

潮州工夫茶艺是一种具有深厚文化底蕴和精湛工艺的茶道表现形式，是潮汕工夫茶文化的重要组成部分。它融合了沏茶、赏茶、闻茶、饮茶等多个环节，

> **想一想：**
> 潮州工夫茶有什么特色？

具有独特的文化内涵和礼仪程序。在潮州地区，工夫茶是人们日常生活的一部分，更是亲友聚会等社交场合沟通交流的重要纽带。在品尝工夫茶的过程中，人们注重细节和礼仪，追求的是一种修身养性的境界。

《潮州茶经·工夫茶》记述："工夫茶之特别处，不在于茶之本质，而在于茶具器皿之配备精良，以及闲情逸致之烹制。"

工夫茶有不少独特之处，如需要刮沫、淋罐、烫杯，即现代工夫茶的"春风拂面、重洗仙颜、若琛出浴"，此乃现代壶泡法所缺。高冲、低斟，斟茶要求各杯均匀，又必余沥全尽，现代工夫茶称之为"关公巡城，韩信点兵"，这些都是工夫法斟茶的独特之处。这是因为青茶采叶较粗，需烧盅热罐方能展现青茶的独特品质。

第一章 生态遗产：公益林藏宝

● 潮州工夫茶的烹制流程

步骤	详情
准备茶具	准备一个茶壶和几个茶杯，同时还要准备热水和茶叶
温壶温杯	用热水将茶壶和茶杯烫一遍，提高温度，有利于茶叶香气的释放
下茶	将茶叶放入茶壶中，注意不要过多，以免影响口感
注水	用热水将茶叶冲洗一遍，去除茶叶中的杂质和灰尘
闷泡	将盖子盖上，闷泡几分钟，让茶叶充分释放出香气和滋味
出汤品茗	将茶汤倒入茶杯中，闻其香气，品尝其滋味

近几年来，不少写茶的文章将"工夫茶"与"功夫茶"视为同一词义，认为两者可以通用。《辞海》及《辞源》关于"工夫"条目的诠释均为"工夫"，也作"功夫"，但又云："工夫：指所费精力和时间；功夫：指技巧。""功夫茶"一词最早见于《清朝野史大观·清代述异》卷十二："中国讲求烹茶，以闽之汀、漳、泉三府，粤之潮州府功夫茶为最，其器具亦精绝……"在此之前的著作中，见到的都是"工夫茶"。

也有许多学者认为"工夫茶"与"功夫茶"有着不同内涵。但不管各家看法如何，一般都认为"功夫茶"是指一种茶艺名。通过对"工夫茶"名称的历史演变进行深入探究，我们发现，"工夫茶"这一名称在历史上出现的时间更早，并且其所代表的含义更为广泛。因此，一般而言，我们更倾向于使用"工夫茶"这一名称，而不是"功夫茶"。

> **想一想：**
> 工夫茶与功夫茶有何差异？

工夫茶具

绿意探秘

生态公益林的动植物奇遇

● **填一填：我观察到的凤凰单丛茶**

观察对象		凤凰单丛茶
观察内容	品种名称	
	叶片形态	
	成茶香型	
拓展内容	试试将新鲜的茶叶放在衣袋里，1小时后看看茶叶发生了什么变化	
	谈谈自己在家里是怎么泡茶的	
	我的其他发现	

26

第一章 生态遗产：公益林藏宝

成效评估

● 课程评价

学生课堂表现自评表			
评价内容	评价等级		
我能认真听导师讲课、听同学发言			
遇到我会回答的问题，我都主动举手发言			
我能积极参与小组讨论、参与合作			
我善于思考，并能有条理地表达自己不同的看法			
我能以恰当的方式指出同学解答中的错误			
我得到了导师的表扬、同学的赞赏			
我在学习的过程中感受到快乐			
最欣赏哪位同学的表现呢？为什么？			
我还有与这节课相关的问题问导师			

绿意探秘
生态公益林的动植物奇遇

● 记录教学总结与反思

第三课：神奇的中华穿山甲

课程背景

● **背景一：从外号重新认识它**

中华穿山甲有很多外号，每个外号都讲述了它的一部分特点：古人称它为"鲮鲤"，因"其形肖鲤，穴陵而居"，外表形似鲤鱼，喜爱住在丘陵；又因为它身披鳞片，有人叫它"行走的松果"或"漫步的洋蓟"；由于爱吃白蚁，它又有了"白蚁杀手"和"森林卫士"的称号。

中华穿山甲的学名是Manis pentadactyla，其属名Manis词源为古罗马多神信仰中的一类"地灵"，以形容它昼伏夜出的习性和独特的外形；其种名pentadactyla源自拉丁文的数字"5"与"指"两个词根，意指前后肢各有5个指（趾）。

● **背景二：最会挖洞的"工程师"**

在科学界，中华穿山甲还有一个更酷炫的名字——"生态系统工程师"。好家伙，中华穿山甲怎么不声不响地就当上工程师了？

这是因为锐利的爪子赋予了中华穿山

自然教育课堂

甲非凡的挖洞能力。一只中华穿山甲一年可以挖掘50~80个洞穴。这些洞穴不仅给它提供了食物来源，还是它最重要的生存空间。中华穿山甲体温的自我调节能力很差，而洞穴稳定的温度能为它提供天然的庇护所，因此中华穿山甲一天有20小时以上的时间都在洞中度过。

教学对象及目标

教学对象
- 幼儿园儿童。

觉知目标
- 通过观察与讨论，认识中华穿山甲；
- 通过唱、画、游戏、比赛等环节加深认知。

知识目标
- 了解中华穿山甲的基本形态；
- 了解中华穿山甲的特点与生态价值。

态度目标
- 科学精神：通过观察、体验、讨论、分享等形式，学会用科学的态度看待野生动物。
- 自主学习：通过小组竞猜、讨论等方式自主学习并掌握中华穿山甲的相关知识，能够从材料中提取有用的信息并将其运用于实践中。
- 责任担当：通过对中华穿山甲的了解，认识到中华穿山甲对保护环境的重要性，学会保护动物、爱护环境。

技能目标
- 学会简单地绘出中华穿山甲。

第一章
生态遗产：公益林藏宝

教学工具

| 穿山甲模型 | 放大镜 | 绘画本 | 彩色笔 |

| 穿山甲拼图 | 动物展示卡 | IP娃娃 | 头饰 |

课程准备

设计意图

- 《3—6岁儿童学习与发展指南》（以下简称《指南》）提出，要让幼儿"亲近自然，喜欢探究"，培养幼儿"初步的探究能力"，在探究中"认识周围的自然事物和现象"。
- 基于《指南》的基本要求，设计"大自然"系列课程，从幼儿体验和探究自然的基本需求出发，在横向维度上，将课程的目标体系聚焦于"自然品性""自然能力"和"自然认知"三个方面。

绿意探秘
生态公益林的动植物奇遇

课程内容

环节名称		环节概要	时长
环节一	问题导入	师：小朋友们去过动物园吗？/小朋友们有看过动物吗？ 生：去过/看过。 师：你们看过什么动物呢？ 生：老虎、狮子、××。 师：今天老师带来一位新的动物伙伴——穿山甲。（出示穿山甲模型、放大镜）	10分钟
环节二	看看、讲讲	（通过模型初识穿山甲的基本形态） 师：小朋友们来观察老师手上的穿山甲，描述一下你看到的穿山甲的样子。 生：穿山甲长得××。 师：回答得非常好，那我们来看一下穿山甲的介绍资料。（出示有关穿山甲的视频和图片资料）	20分钟
环节三	画画、选选	（通过视频资料与动手绘画深入了解穿山甲的特点与生态价值） 师：在刚刚的视频和图片中，我们看到了穿山甲是××类动物，他们以进食××为主，并且是保卫大自然的小能手。现在老师想要小朋友们跟着老师，来画一画穿山甲，看看谁的穿山甲画得好，画得好的小朋友来担任我们小组的穿山甲小队长。 生：（展示） 师：（选取队长。播放音乐，出示彩色笔、绘画本、头饰）	30分钟
环节四	赛赛、比比	（通过趣味拼图游戏来巩固有关穿山甲的知识要点，分组竞赛增加趣味性、挑战性） 师：现在我们来进行一个拼图游戏，看看哪个小组拼得又快又好。 生：（展示） 师：（出示穿山甲拼图。给每个小组评分）	20分钟

续表

环节名称		环节概要	时长
环节五	演演、玩玩	（激发学生学习热情与感知能力） 师：眼睛眨一眨，翅膀动一动。小鸭子叫三声，嘎嘎嘎。小猫咪叫三声，喵喵喵。小老鼠叫三声，吱吱吱。小黄狗叫三声，汪汪汪。小朋友叫三声，嘿嘿嘿。 生：（跟随游戏） （播放音乐与动画）	10分钟
环节六	课外拓展	（通过野生动物的故事倡导学生保护动物和爱护环境） 师：我们来看一个关于野生动物的故事，并说说你们看到了什么、听到了什么？ 生：看到了××，听到了××。 师：在大自然中，生活着许多野生动物，我们应该热爱环境，保护动物。（出示课件）	10分钟
环节七	总结与评分	（总结回归主题，评选最优小组树立榜样，为下节课做好铺垫） 师：我们今天学习了穿山甲的××知识，表现最好的小组是××小组，在接下来的课程中，我们还会见到新朋友××。 （过程性评价：纪律意识/学习态度/团队意识/文明礼仪/品德修养） （总结性评价：学习达成/学习内容与形式/学习效果表达） （分发收纳袋、IP娃娃、动物展示卡）	20分钟

时长：120分钟；场地：广东潮安凤凰山省级自然保护区课堂。

课程知识

● 什么是中华穿山甲

小小的眼睛，粗短的腿，长长的身子，大大的脑袋，一身坚硬的盔甲，还有特有的招风耳，这就是我们的中华穿山甲。

> **想一想：**
> （1）穿山甲长什么样子？
> （2）它们为什么被叫作穿山甲？

穿山甲属食蚁动物,别名"鲮鲤"。因其善打洞,每小时挖洞可达2～3米,"穿山之术"超过人类和其他动物,而且它们身披鳞甲,全身有600多块覆瓦状的角质鳞,故而得名"穿山甲"。

中华穿山甲

卷成一团的中华穿山甲

中华穿山甲主要栖息地和分布范围

中华穿山甲喜欢生活在丘陵、山麓、平原的树林潮湿地带,它们喜欢温热的环境,会爬树,会挖洞,还会用它们长长的舌头舔食白蚁、蚁、蜜蜂或其他昆虫。

想一想:
(1)穿山甲喜欢什么环境?
(2)穿山甲分布在哪?

中国是中华穿山甲历史分布区面积最大和野生种群数量最多的国家。它们分布于我国南部的广东、广西、云南、福建、贵州等地。缅甸、尼泊尔、老挝、越南等国家亦有分布。

中华穿山甲的分布区域

中华穿山甲的插画

第一章

生态遗产：公益林藏宝

● 中华穿山甲的形态特征

中华穿山甲长相奇特，身长不足1米，嘴长约0.3米，体圆腹大，四肢粗短，尾扁而粗，头尖嘴细，舌长柔软，喜伸缩，可伸出口外约20厘米。

想一想：
（1）中华穿山甲有什么特征？
（2）不同阶段中华穿山甲的身体有哪些变化？

它们全身遍布着瓦状般的鳞甲，幼兽尚未角化的鳞片呈黄色，老年兽的鳞片边缘呈橙褐色或灰褐色。

中华穿山甲是特化物种，其视觉基本退化，但嗅觉灵敏。

幼兽鳞片

老年兽鳞片

隐藏在自然界中的中华穿山甲

● 中华穿山甲的生活习性

中华穿山甲的生活习性也很奇特。它们喜欢温暖的山麓和丘陵，挖洞穴居。白天以土堵洞休息，入夜爬出洞外，杀敌卫林。它们的胃颇像鸟类的砂囊，能吞下小

想一想：
（1）穿山甲有哪些生活习性？
（2）穿山甲是怎样挖洞的？

在挖洞的中华穿山甲

缩成球状的中华穿山甲

位于灌草丛中的中华穿山甲洞穴

石块，石块在胃里起研磨害虫的作用，因而食虫量很大。

遇敌时，中华穿山甲会蜷缩成球状，坚硬的外壳令猛兽难以咬碎或下咽。

中华穿山甲的捕食方式

中华穿山甲的主食是蚂蚁和白蚁，并且捕食方法有趣。它们跑到蚁多之处，装死并伸出长长的舌头，待蚂蚁闻到腥味爬满舌头吮吸涎液时，则轻缩舌头，把蚂蚁送进喉咙。

> **想一想：**
> 中华穿山甲喜欢吃什么？

有时，它们发现蚁穴，也会将身体鳞片张开，散发出特殊气味，引诱蚂蚁爬满鳞片，再迅速合拢，然后到江河湖溪处张开鳞片，等那些落水的蚂蚁浮上水面，再用舌头横扫食之。

捕食中的中华穿山甲图1

捕食中的中华穿山甲图2

据观测，一只成年穿山甲一天可吃数万只白蚁。照此计算，一只成年穿山甲能保护200亩以上的山林不受白蚁侵害，所以人们称其为"森林卫士"。

中华穿山甲的种群现状

以前，中华穿山甲在亚洲被广泛猎杀，作为食物及药物使用，导致该物种在其原生栖息地的数量大幅减少。

后来，根据国际公约，中华穿山甲在任何地方从野外捕猎的商业用途均被禁止。2020年6月，中华穿山甲被列入我国国家一级保护动物。

第一章
生态遗产：公益林藏宝

● 凤凰山自然保护区与中华穿山甲

广州、潮州接力救治 中华穿山甲康复"回家"

2020年7月，广东省野生动物救护中心在凤凰山自然保护区举行放归活动，其中包括一只中华穿山甲。这只中华穿山甲于6月14日在潮州栖息地受伤并被发现，经过潮州、广州两地多方的接力治疗，中华穿山甲成功康复并回归自然。

> **想一想：**
> 以前，中华穿山甲为什么会被广泛猎杀？

这也是中华穿山甲提升为国家一级重点保护野生动物后，广东省首次实施穿山甲放归自然活动。

凤凰山自然保护区中华穿山甲救援行动

凤凰山自然保护区首次拍到中华穿山甲

2021年，凤凰山自然保护区通过红外相机首次记录到中华穿山甲的活动影像，人们在影像中发现了穿山甲的3处洞穴和2处觅食痕迹。根据专项调查，在调查面积17平方千米范围内发现洞穴37个。经分析，推断该区域的穿山甲有7只左右。

凤凰山自然保护区内首次拍到中华穿山甲

成效评估

● **学生能力发展评测**

课程以形成性评价为主,在教学过程中,导师根据学生的学习情况进行打分。

⭐	⭐⭐	⭐⭐⭐
知识与技能		
没有认识到中华穿山甲的基本形态	能够认识到中华穿山甲的基本形态	能够认识到中华穿山甲的基本形态,并能积极主动地了解其相关知识
没有认识到中华穿山甲的特点与生态价值	能够认识到中华穿山甲的特点与生态价值	能够认识到中华穿山甲的特点与生态价值,并能根据其生态价值说出自己的看法
不能跟随教师在课堂中画出中华穿山甲	能够跟随教师在课堂中画出中华穿山甲	能够跟随教师在课堂中画出中华穿山甲,并能填充丰富的画面场景
过程与方式		
对观察、讨论环节不积极,讨论无法得出中华穿山甲的形态特征	积极参与观察、讨论环节,能够通过讨论得出中华穿山甲的形态特征	积极参与观察、讨论环节,能够大致说出中华穿山甲的形态特征,能够画出中华穿山甲的基本形象,并能填充画面场景
不积极参与感知环节,完成度低	积极参与感知环节,基本完成唱、画、游戏、比赛	积极参与感知环节,基本完成唱、画、游戏、比赛,并能带领身边的人共同参与

续表

⭐	⭐⭐	⭐⭐⭐
情感态度与价值观		
通过观察、体验、讨论、分享等形式,无法用科学的态度认识中华穿山甲	通过观察、体验、讨论、分享等形式,能够用科学的态度认识中华穿山甲	通过观察、体验、讨论、分享等形式,能够用科学的态度认识中华穿山甲,并能够举一反三
不积极参与自主学习环节,不能够从材料中提取有用的信息并运用于实践中	积极参与自主学习环节,能够从材料中提取有用的信息并运用于实践中	积极参与自主学习环节,能够从材料中提取有用的信息并运用于实践中,并能够提出不同的意见
通过对中华穿山甲的了解,无法联系并认识到中华穿山甲对环境保护的重要性	通过对中华穿山甲的了解,能够联系并认识到中华穿山甲对环境保护的重要性	通过对中华穿山甲的了解,能够联系并认识到中华穿山甲对环境保护的重要性,并能够普及相关概念
不能领悟保护动物、爱护环境的道理	能够领悟保护动物、爱护环境的道理	能够领悟保护动物、爱护环境的道理,并能够和身边的人分享

绿意探秘
生态公益林的动植物奇遇

● 课程评价

学生课堂表现自评表			
评价内容	评价等级		
我能认真听导师讲课、听同学发言			
遇到我会回答的问题,我都主动举手发言			
我能积极参与小组讨论、参与合作			
我善于思考,并能有条理地表达自己不同的看法			
我能以恰当的方式指出同学解答中的错误			
我得到了导师的表扬、同学的赞赏			
我在学习的过程中感受到快乐			
最欣赏哪位同学的表现呢?为什么?			
我还有与这节课相关的问题问导师			

第一章
生态遗产：公益林藏宝

● 记录教学总结与反思

第二章
绿野探险：公益林探索

- 蕨类植物——美丽的观叶植物
- 关于杨梅的那些事
- 葡萄熟了
- 爱莲说
- 奇妙的昆虫世界
- 神奇的鸟

第四课：蕨类植物
——美丽的观叶植物

课程背景

● **背景一：恐龙时代的蕨类植物宝库，自然教育的新篇章**

蕨类是一类独特的植物，具有悠久的历史。早在恐龙时代，蕨类植物就已经在地球上繁盛起来，是地球上最古老的植物之一。蕨类植物以独特的形态和生长方式，成为植物界中一个不可或缺的部分。

广东潮安凤凰山省级自然保护区这片独特的自然环境孕育了种类繁多的蕨类植物。在保护区内，蕨类植物以其独特的形态和生态特征，成为自然教育课程中的重要内容。保护区内的自然教育课程围绕蕨类植物展开，这些课程结合了实地观察和讲解，帮助参与者深入了解蕨类植物的生态习性和保护价值。课程内容既有理论学习，也有实践操作。在导师的指导下，参与者可以亲自采集蕨类植物，然后将其制成标本，在这个过程中可以更直观地了解蕨类植物的生长环境和形态特征。

● **背景二：无花无果，孢子孕育新生命**

蕨类植物在植物界中的位置介于苔藓植物和种子植物之间。与常见的开花植物不同，蕨类植物没有花和果实，但它们能够通过独特的孢子生殖方式，成功孕育新生命。这种繁殖方式不仅展示了蕨类植物的独特魅力，而且为我们提供了更多了解和欣赏植物多样性的机会。公益林在维护地球生态安全、促进可持续发展等方面发挥着至关重要的作用。通过深入了解和保护这些独特的植物资源，我们不仅能够更好地认识自然、保护自然，还能为生态保护和可持续发展做出积极的贡献。

教学对象及目标

教学对象	● 小学至初中的学生。
觉知目标	● 认识到大自然有这么一个独特的植物类群：蕨类植物。
知识目标	● 通过观察、记录等方式认识保护区里常见的蕨类植物； ● 了解蕨类植物的形态特征及其多样性； ● 了解蕨类植物的生活史。
态度目标	● 培养学生关注、喜爱蕨类植物的态度。
技能目标	● 学会制作植物标本。制作标本时采集少量蕨类植物即可，尽量减少对它们的伤害。

教学工具

标本纸

剪刀

美工刀

彩色笔

| 胶水 | 采集标签 | 纸巾 | 书本或重物 |

课程准备

注意事项

- 采集植物的最佳时间是夏末秋初,避免雨天和夏季的中午;
- 用纱布蘸水擦去植物上的泥土,将植物摆放好,注意展示出叶片背面的孢子囊群;
- 用标本夹压紧,放在室内向阳通风处,每隔1~2天换一次纸;
- 待标本干透后,将其固定在台纸上,并标明植物的名称、编号、日期等;
- 修整后的标本下应铺垫吸水性强的纸,注意展示出植物的自然状态,避免花、叶压在一起,互相重叠。接着用标本夹压好,并用绳子捆绑紧,同时在接触处多放几张标本纸,使压力分布均匀。

课程内容

环节名称		环节概要	时长
环节一	蕨类植物讲座	蕨类植物知识科普	30分钟
环节二	漫步科普走廊	(1)了解科普走廊的蕨类植物分布及种类; (2)观察不同蕨类植物孢子囊群的宏观形态和着生位置	60分钟

续表

环节名称		环节概要	时长
环节三	制作植物标本	将自己最喜欢的蕨类植物制作成标本	30分钟
环节四	总结与分享	请参与人员详细阐述其所制备的标本中蕨类植物的独特特点	10分钟

时长：130分钟；场地：广东潮安凤凰山省级自然保护区课堂。

课程知识

● **什么是蕨类植物？**

在自然界中，有这么一类奇特的植物，它们不开花，叶片或小或巨大，叶形奇特，或完整一片，或深裂成羽，有的在绿叶的背上长满金黄色的小粒，它们常见于林间树下，有的生于溪边沟旁，有的顽强地生长在瘠薄的岩石上。一些种类只在局部山谷见其踪影，另一些则遍布南方红壤山地，有时你还会惊奇地发现它们可以生长在别的树上，这些植物正是曾经在地球上成为主宰植物的蕨类植物。

> **想一想：**
> （1）蕨类植物的特征。
> （2）蕨类植物的分布区域。

蕨类植物是介于苔藓植物和种子植物之间的一个大类群，蕨类植物不产生种子，具有独立生活的配子体和孢子体，其生活史具有明显的世代交替现象，以无性世代的孢子体占优势，那就是我们所看到的绿色蕨类植物。

蕨类植物作为植物界的重要成员，曾在地球历史上拥有辉煌的一页。石炭纪时期，距今3亿多年前，蕨类植物成为地球上的主导植物，这一时期被称为"蕨类植物时代"。当时，许多高大的乔木状蕨类植物在地球上繁衍生息。然而，随着时间的推移，这些乔木状蕨类植物逐渐灭绝，仅有一部分在特定地区得以保存，成为地球上古老的孑遗植物。例如，桫椤这种植物就是2亿多年前恐龙时代的重要植物种类，如今被我国列为国家二级保护植物。

蕨类植物的形态特征

蕨类植物的形态特征有丰富的变化，并且有其独特性，其主要有以下几个部分。

> **想一想：**
> （1）蕨类植物有根吗？
> （2）蕨类植物的叶子背面有什么秘密？

（1）**孢子体**：一般为多年生，极少数种类为一年生；多陆生或附生，少数水生。由根、茎和叶组成，是蕨类生命周期中的优势部分，也就是我们所看见的绿色植物部分。

（a）根：多为不定根，无发达的主根，根数多，但较短，着生在根状茎上，也有的着生在叶轴或叶肉上，少数种类无根。

蕨类植物的形态

无真根仅有假根的松叶蕨

具有大量不定根的毛蕨属蕨类

（b）茎：通常为根状茎，少数为直立形式的树状或其他形式的地上茎，有的种类茎上有毛和鳞片，可起保护作用。具鳞片的蕨类一般是进化的高级种类。根状茎会产生分枝，在部分蕨类的根状茎上还会萌生出横向伸长生长的匍匐茎，匍匐茎地生或气生。

（c）叶：蕨类植物的叶直立、斜生或披散着生于根状茎上，根据叶片在形态和功能上的差异，可分为大型叶与小型叶、孢子叶（能育叶）与营养叶（不育叶）、同型叶与异型叶。大型叶幼时常卷成拳状，长大后展开成叶片，有叶柄和叶隙，具多分枝的叶脉；小型叶只有一个单一不分枝的叶脉。蕨类植

圆盖阴石蕨横走的根状茎

桫椤直立的树状茎

物叶片分枝分裂及叶脉开放均有复杂的变化，是其主要观赏部分。叶片有不分裂和分裂两种类型，分裂的叶片有二叉分枝、单轴分枝（羽状分裂）等形式。

石松的小型叶

同型叶：产生孢子囊的孢子叶（能育叶）与不产生孢子囊的营养叶（不育叶）是不分的，且形状相同

华南毛蕨的大型叶

异型叶：营养叶和孢子叶的形状完全不相同

拳状的幼叶

（d）孢子囊：产生孢子的结构，由叶的表皮细胞发育而成。在较原始的蕨类植物上，孢子囊单生于叶腋、叶基，通常聚生在枝顶组织穗状的孢子叶球或孢子叶穗。而较进化的类群孢子囊则成群聚生在一个物化的囊托上，形成孢子囊群，分布于孢子叶背。

蛇足石杉：孢子囊生于孢子叶的叶腋

垂穗石松：孢子囊穗单生于小枝顶端

槲蕨：孢子囊分布于孢子叶背

（e）孢子：孢子成熟后脱离母体，在一定的适宜的条件下萌发并发育成配子体。

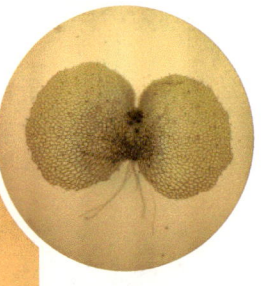

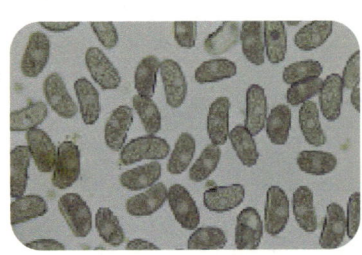
松叶蕨孢子

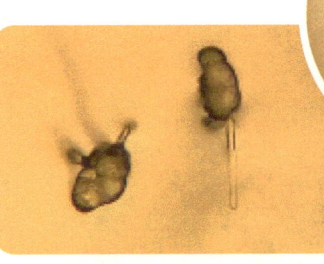
华南毛蕨孢子萌发第9天

华南毛蕨孢子萌发25天后形成叶状的配子体

（2）配子体：原始类型配子体常生长在地下，而进化类型则生长在地上，并具叶绿体和背腹性叶状体或丝状体。配子体分化出精子器和颈卵器，分别产生精子和卵子，完成生殖过程。

（3）**胚胎**：由精子和卵子结合而形成，发育形成孢子体。

> **想一想：**
> 蕨类植物没有花，那它们是怎么进行繁殖的呢？

蕨类植物是以孢子进行繁殖的，所以被称为孢子植物。孢子植物没有开花结果的现象，因此也被称为隐花植物。

● **了解蕨类植物的生活史**

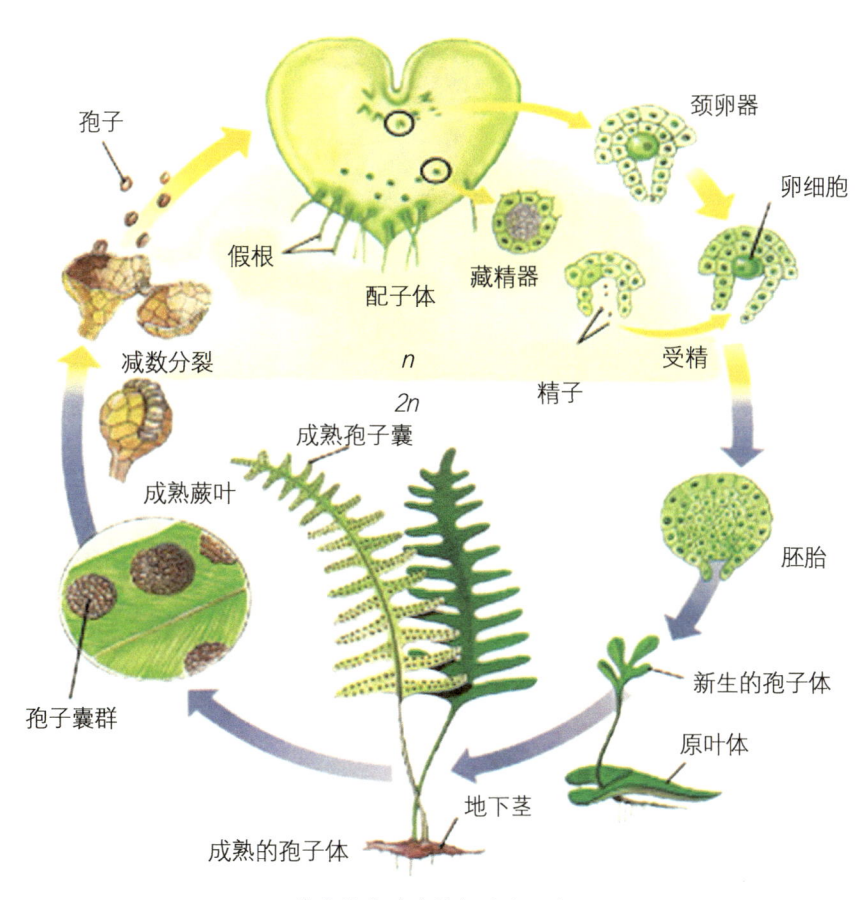

蕨类植物（真蕨）的生活史

绿意探秘
生态公益林的动植物奇遇

蕨类植物生命周期概述：在蕨类植物繁殖过程中，叶的背面生成众多单生或聚集的孢子囊。孢子囊内诞生孢子母细胞，可经过减数分裂产生孢子。成熟孢子自孢子囊中释放，于温暖潮湿环境中萌发为心形原叶体（配子体）。配子体细胞具备叶绿体，具备独立生活能力。在繁殖期，配子体腹面生成颈卵器和精子器。卵与精子结合形成合子，经胚胎发育阶段后，进一步成长为具备根、茎、叶的孢子体。

需要特别注意的是，蕨类植物的孢子体和配子体都能独立生活，孢子体早期短暂寄生于配子体上，在整个生活史中，孢子体占主要优势，配子体存活时间较短。

● 野外常见的蕨类植物

桫椤（桫椤科桫椤属）

福建观音座莲（合囊蕨科观音座莲属）

华南毛蕨（金星蕨科毛蕨属）

蜈蚣凤尾蕨（凤尾蕨科凤尾蕨属）

半边旗（凤尾蕨科凤尾蕨属）

芒萁（里白科芒萁属）

垂穗石松（石松科垂穗石松属）

乌蕨（鳞始蕨科乌蕨属）

乌毛蕨（乌毛蕨科乌毛蕨属）

第二章
绿野探险：公益林探索

海金沙（海金沙科海金沙属）　　金毛狗（金毛狗科金毛狗属）　　肾蕨（肾蕨科肾蕨属）

伏石蕨（水龙骨科伏石蕨属）　　贴生石韦（水龙骨科石韦属）　　石韦（水龙骨科石韦属）

槲蕨（水龙骨科槲蕨属）　　剑叶凤尾蕨（凤尾蕨科凤尾蕨属）　　井栏边草（凤尾蕨科凤尾蕨属）

瓶尔小草（瓶尔小草科瓶尔小草属）　　江南星蕨（水龙骨科石韦属）　　巢蕨（铁角蕨科铁角蕨属）

蕨（碗蕨科蕨属）　　狗脊（乌毛蕨科狗脊属）　　珠芽狗脊（乌毛蕨科狗脊属）

53

绿意探秘
生态公益林的动植物奇遇

● **填一填：我观察到的蕨类植物**

蕨类名称		
观察内容	生活型	
	叶型	
	孢子囊着生位置	
拓展内容	蕨类植物通常生活在什么样的环境中？	
	蕨类植物是如何繁殖的？	
	蕨类植物与种子植物有哪些不同之处？	

第二章
绿野探险：公益林探索

成效评估

● 课程评价

学生课堂表现自评表			
评价内容	评价等级		
我能认真听导师讲课、听同学发言			
遇到我会回答的问题，我都主动举手发言			
我能积极参与小组讨论、参与合作			
我善于思考，并能有条理地表达自己不同的看法			
我能以恰当的方式指出同学解答中的错误			
我得到了导师的表扬、同学的赞赏			
我在学习的过程中感受到快乐			
最欣赏哪位同学的表现呢？为什么？			
我还有与这节课相关的问题问导师			

55

绿意探秘
生态公益林的动植物奇遇

● 记录教学总结与反思

第五课：
关于杨梅的那些事

课程背景

● **背景一：杨梅是南方独特珍果，历史悠久，风味别具一格**

杨梅，作为我国南方地区的独特水果，历史悠久，深受人们喜爱。明代李时珍在《本草纲目》中描述"其形如杨子，味似梅"，杨梅因此得名。杨梅果实在初夏时节成熟，色泽鲜艳，口感酸甜适中，风味别具一格。早在汉代，司马相如的《上林赋》中便将杨梅列为珍稀果品之一；宋代诗人苏东坡更盛赞杨梅，认为"闽广荔枝，西凉葡萄，未若吴越杨梅"。杨梅的美味与独特之处，由此可见一斑。

● **背景二：探索杨梅奥秘，开启一场融合知识与美味的自然探索之旅**

杨梅，这一天然且健康的水果，近年来在市场中逐渐获得了广泛的青睐。广东潮安凤凰山省级自然保护区丰富的杨梅资源，成为本次课程的重点介绍对象。本课程将深入剖析杨梅的生物学特性，通过问答、思考、品尝等形式，引导参与者全面认识杨梅。在保护动植物的前提下，保护区通过科学合理开展林果复合型经营模式，实行公益林的生态效益与经济效益两手抓，让森林生态效益价值更为显著，生态环境质量明显提升，森林生态经济潜力显现，持续为潮州的发展提供生态、经济支持。我们期望通过这一课程，可

绿意探秘
生态公益林的动植物奇遇

以让参与者更加深入地感受自然、了解植物,并激发其保护植物的热情与责任感。

教学对象及目标

教学对象
- 小学至初中的学生。

觉知目标
- 认识果实类型的多样性;
- 认识果实食用部位主要来源的多样性;
- 认识令杨梅易变质的客观因素。

知识目标
- 通过观察、记录等方式认识保护区里杨梅的品种;
- 了解杨梅的生物学特性;
- 了解杨梅食用部位的主要来源;
- 通过显微技术揭秘杨梅容易变质的原因。

态度目标
- 通过对杨梅食用部位来源的认识,提升对食品来源和质量的关注;
- 通过显微技术探究杨梅易变质的原因,培养学生探索科学真理的好奇心与耐心,以及解决问题的实践能力。

技能目标
- 学会制作临时装片;
- 学会操作显微镜。

教学工具

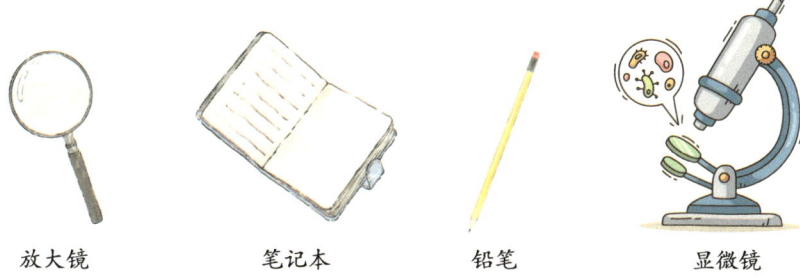

放大镜　　　　笔记本　　　　铅笔　　　　显微镜

课程准备

注意事项
- 如果发现显微镜头有污渍，要用专门的擦镜纸轻轻擦拭；
- 光线强应使用平面反光镜，光线弱应使用凹面反光镜；
- 使用显微镜时动作要轻、稳，用力不要过猛，要轻拿轻放；
- 观察时双目睁开，不要只睁左眼或右眼。

使用技巧
- 提取安放显微镜：提取时，一手握住镜臂，一手托住镜座。安放位置：镜臂靠近身体略偏微左；镜座距离试验台边缘大约5厘米。
- 安放玻片：将玻片标本放入压片夹后部的空隙处，用双手将玻片缓慢向前推，动作要轻，使标本正对通光孔。

- 调节光线：选最大光圈对准通光孔，左眼注视目镜，双手转动反光镜，直到看见明亮的视野为止，并用遮光器调节光线的强弱程度。
- 转动转换器：缓慢转动转换器，使低倍物镜对准通光孔。

课程内容

环节名称		环节概要	时长
环节一	准备阶段	介绍保护区中杨梅种植区的概况；学员分组	10分钟
环节二	采摘杨梅	到种植区现场了解杨梅的种植生境、采摘杨梅、品尝杨梅	30分钟
环节三	杨梅专题科普	（1）了解杨梅的形态特征； （2）了解果实的类型； （3）了解杨梅食用部位的主要来源； （4）揭秘杨梅易变质的客观原因	50分钟
环节四	实验实践	（1）学习制作临时装片； （2）显微观察杨梅的汁囊细胞	30分钟
环节五	归纳总结	总结杨梅果实的特征；分享显微操作的感受	10分钟

时长：130分钟；场地：广东潮安凤凰山省级自然保护区实验室、杨梅种植区。

课程知识

● 基础知识点

杨梅（*Morella rubra* Lour.）是我国南方著名的水果，属于杨梅科杨梅属，是一种常绿乔木。杨梅花单性，雌雄异株。也就是说，杨梅的雌花和雄花分别生长于不同的植株上，开雄花的植株为雄株，开雌花的植株为雌株。

杨梅雄花序

红色的花药

> 想一想：
> 杨梅树分公母吗？

杨梅雄花序单生或数序簇生于叶腋，圆柱状，花药暗红色。

杨梅雌花序常单生于叶腋，较雄花序短而细瘦，密接而成覆瓦状排列。

每一个雌花序里，只有上端的1朵雌花能发育成果实（偶尔会有2朵）。

杨梅雌花序

> 想一想：
> 为什么有的杨梅树会结果，有的却不会结果呢？

● **杨梅的食用部位**

果实是被子植物特有的繁殖器官，被子植物的花经过授精后，子房最终就发育成果实。

> 想一想：
> 杨梅果实的食用部位是由什么发育而来的呢？

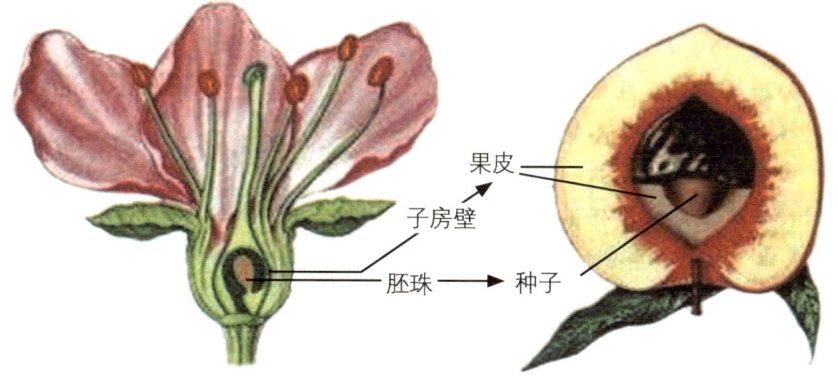

桃子的发育

绿意探秘
生态公益林的动植物奇遇

果实的结构：果实包括果皮和种子两部分。果皮从外面到里面可分为外果皮、中果皮和内果皮三个部分。

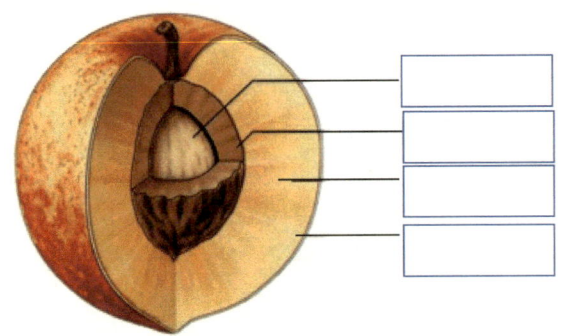

写一写：
请帮忙填写组成桃子果皮的三层结构的名字，并找找哪个是种子。

● 表皮毛也可以发育成可食用的部分

虽然杨梅的果实呈核果状，但是由于它的外果皮和中果皮非常薄，难以区分，而且内果皮坚硬，因此，所谓的杨梅核实际上就是其内果皮，把杨梅核打开，里面才是真正的种子。

想一想：
（1）为什么吃完杨梅后，其果核上面还有很多毛状物呢？
（2）生活中还有哪些水果的食用部位也是由其表皮毛发育而来的呢？

杨梅的主要食用部位其实是由长在外果皮上面密集的表皮毛发育而来的。也就是说，表皮毛变态形成了肉质饱满多汁的汁囊，所以杨梅所谓的果肉是一丝一丝的。

● 显微揭秘一

通过体视显微镜的观察，我们可以看到杨梅果实乳头状凸起上分布有明显的黄色颗粒物。经资料检索发现，这些颗粒物实际上是树脂，而不是昆虫留下的粪便，所以杨梅除了自身的果香味，还有一点点

想一想：
新鲜的杨梅，其果实外表上经常可以看到很多黄色的点点，是昆虫留下的粪便吗？

的松脂味。当我们用手触碰杨梅时，这些树脂就会粘到我们的手上，让我们的手指感到黏黏的。

> **想一想：**
> 为什么在挑选杨梅或采摘杨梅的时候，触碰到杨梅的手指会有粘手感？

体视镜下杨梅果肉的表面

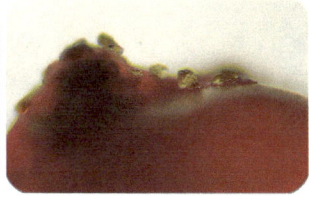
体视镜下杨梅果肉上的树脂颗粒

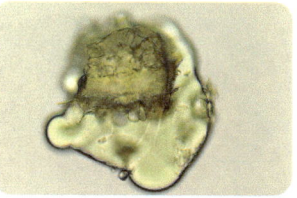
显微镜下的树脂颗粒

● **显微揭秘二**

通过显微镜观察，我们可以发现在杨梅的汁囊细胞表面分布有气孔器（气孔），而气孔是植物与外界进行气体交换的主要通道。

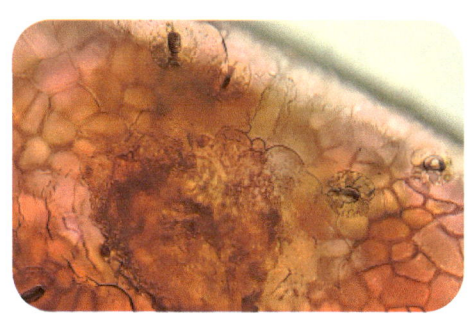
显微镜下汁囊细胞上的气孔器

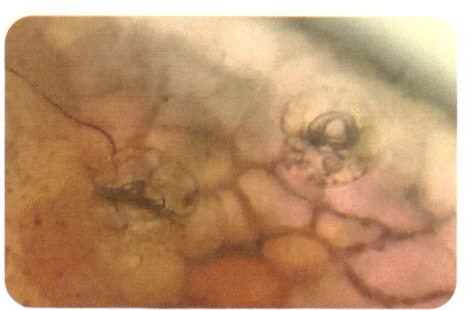
气孔器放大，是木质化的保卫细胞

● **显微揭秘三**

当杨梅成熟后，其表面的气孔因其保卫细胞木质化而转变成一种"变态的气孔器"，失去了关闭的功能，而长期处于开放状态。此

> **想一想：**
> 为什么杨梅在正常的状态下保鲜期很短，很容易变质呢？

时的气孔便为微生物打开了"方便之门",加之汁囊细胞肥厚多汁、营养丰富,更为微生物创造了适于繁衍的环境,最终就会导致杨梅果实变质发霉,这就是杨梅成熟以后难以保鲜的最主要原因。

不新鲜的杨梅

新鲜的杨梅

🍊 吃杨梅也有黑科技

在潮汕地区,老一辈的潮汕人在吃杨梅之前,喜欢先蘸一下酱油,听说这种吃法会使杨梅更加香甜可口,你这样吃过吗?

为什么要这样吃呢?一是因为酱油含盐量较高,高渗透压的环境可以使微生物因渗透作用而失水,从而起到一定的杀菌作用;二是因为当我们吃蘸了酱油的杨梅时,舌头先接触到酱油,味蕾首先感受到酱油的咸味,然后再感受到杨梅的甜味,这时即使是偏酸的杨梅,其甜度也会被放大。因此,杨梅蘸酱油的吃法还是比较科学的。

> **想一想:**
> (1)怎么判断杨梅是不是新鲜的呢?
> (2)除了杨梅蘸酱油,你还吃过哪些可以蘸酱油吃的水果呢?

第二章
绿野探险：公益林探索

● **填一填：我观察到的杨梅**

观察对象	杨梅	
观察内容	品种名称	
	杨梅的颜色	
	杨梅的味道	
拓展内容	一个杨梅花序上一般有几个果实？	
	吃杨梅后，牙齿有些酸软该怎么办？	
	我的其他发现	

绿意探秘
生态公益林的动植物奇遇

成效评估

● 课程评价

学生课堂表现自评表		
评价内容	评价等级	
我能认真听导师讲课、听同学发言		
遇到我会回答的问题，我都主动举手发言		
我能积极参与小组讨论、参与合作		
我善于思考，并能有条理地表达自己不同的看法		
我能以恰当的方式指出同学解答中的错误		
我得到了导师的表扬、同学的赞赏		
我在学习的过程中感受到快乐		
最欣赏哪位同学的表现呢？为什么？		
我还有与这节课相关的问题问导师		

第二章
绿野探险：公益林探索

● 记录教学总结与反思

第六课：葡萄熟了

课程背景

● **背景一：葡萄的来历**

葡萄是世界最古老的果树树种之一，葡萄的植物化石发现于第三纪地层中，说明其当时已遍布于欧洲、亚洲及格陵兰等地。葡萄原产于亚洲西部，现在世界各地均有栽培，约95%集中分布在北半球。

● **背景二：探索葡萄奥秘，开启一场融合知识与美味的自然探索之旅**

葡萄是在汉武帝时期，由张骞出使西域时引入中国的。中国关于"葡萄"的文字记载最早见于《诗经》，但里面说的是野葡萄，"六月食郁及薁"，"薁"就是野葡萄。这反映出殷商时代的人们已经知道采集并食用各种野葡萄了。但是，今天我们习惯上说的葡萄，指的却是欧洲葡萄，是在汉武帝时期才传入中国的。

西汉时期，张骞出使西域，"苜蓿随天马，葡萄逐汉臣"，葡萄和苜蓿随着天马和张骞传入中国。唐代诗人李颀在《古从军行》中写道"年年战骨埋荒外，空见蒲桃入汉家"，诗里的"蒲桃"指的就是葡萄。

● 背景三：葡萄酒文化——一杯酒中的世界史

葡萄酒的历史可以追溯到远古时代。据考古学家推测，大约在公元前6000年，高加索地区的居民就已经开始酿造葡萄酒。那时，人们偶然发现野生葡萄在自然发酵后会产生一种有香味的酒饮，这便是葡萄酒的雏形。随着农耕文明的发展，人们开始有意识地种植葡萄并酿造葡萄酒，这种美味的饮品逐渐在地中海沿岸和其他地区流传开来，成为古代文明中不可或缺的一部分。

教学对象及目标

教学对象	● 小学至初中的学生。
觉知目标	● 认识葡萄的好处； ● 认识葡萄的形态特征； ● 认识葡萄的植物文化。
知识目标	● 了解什么是藤本植物； ● 了解葡萄的种类； ● 了解葡萄的主要价值； ● 了解葡萄的主要营养成分。
态度目标	● 通过对葡萄食用部位的认识，增加对食品来源和质量的关注； ● 通过显微技术探究葡萄果皮疙瘩的成因，培养探索科学真理的好奇心与耐心，以及解决问题的实践能力。
技能目标	● 学会制作临时装片； ● 学会操作显微镜。

教学工具

放大镜

笔记本

铅笔

显微镜

课程准备

注意事项
- 如果发现显微镜头有污渍，要用专门的擦镜纸轻轻擦拭；
- 光线强应使用平面反光镜，光线弱应使用凹面反光镜；
- 使用显微镜的时候动作要轻、稳，用力不要过猛，要轻拿轻放；
- 观察时双目睁开，不要只睁左眼或右眼。

使用技巧
- 提取安放显微镜：提取时，一手握住镜臂，一手托住镜座。安放位置：镜臂靠近身体略偏微左；镜座距离试验台边缘大约5厘米。
- 安放玻片：将玻片标本放入压片夹后部的空隙处，用双手将玻片缓慢向前推，动作要轻，使标本正对通光孔。
- 调节光线：选最大光圈对准通光孔，左眼注视目镜，双手转动反光镜，直到看见明亮的视野为止，并用遮光器调节光线的强弱程度。
- 转动转换器：缓慢转动转换器，使低倍物镜对准通光孔。

课程内容

	环节名称	环节概要	时长
环节一	准备阶段	介绍保护区里葡萄种植区的概况；学员分组	10分钟
环节二	采摘葡萄	到种植区现场了解葡萄的种植生境、采摘葡萄、品尝葡萄	30分钟
环节三	葡萄专题科普	（1）了解葡萄的形态特征； （2）了解果实的类型； （3）了解葡萄的营养成分； （4）揭秘葡萄皮上小疙瘩形成的客观原因	50分钟
环节四	实验实践	（1）学习制作临时装片； （2）显微观察葡萄果皮	30分钟
环节五	归纳总结	总结葡萄果实的特征；分享显微操作的感受	10分钟

时长：130分钟；场地：广东潮安凤凰山省级自然保护区实验室、葡萄种植区。

课程知识

● 了解葡萄

葡萄（*Vitis Vinifera* L.）原产于亚洲西部，是葡萄科葡萄属的一种木质藤本植物，世界各地均有栽培，其果实为著名水果，可生食或制成葡萄干，亦可酿酒，其根和茎藤能入药，有止呕、安胎之功效。

> **想一想：**
> 葡萄是一种藤本植物，但是你知道它是怎么攀附他物上升的吗？

知识点1：不论木本植物还是草本植物，凡茎干不能直立、匍匐地面或攀附他物而生长的，统称为藤本植物。

知识点2：藤本植物包括缠绕茎和攀缘茎。缠绕茎：茎幼时较柔软，不能直立，以茎本身缠绕于其他支柱上升，如鸡屎藤、牵牛等。攀缘茎：茎幼时较柔软，不能直立，以特有的结构攀缘他物上升，如南瓜等。

牵牛的缠绕茎　　　　南瓜的攀缘茎　　　　南瓜的攀缘卷须

葡萄虽属于木质藤本植物，但是它攀缘上升并不是依靠自身的茎，而是依靠一种具有攀缘功能的特殊结构——茎卷须。茎卷须是由茎变态形成的，所以葡萄茎属于攀缘茎的一种。

葡萄的茎卷须

猜一猜：
葡萄属于缠绕茎还是攀缘茎呢？
缠绕茎 □　　攀缘茎 □

葡萄的茎卷须的位置与其花枝（果枝）的位置相当，卷须二叉分枝，与叶对生。

葡萄营养丰富，品种多样，单从颜色来看，就有红色、绿色、黑色等，更不用提其名字的多样了。

实际上，葡萄和提子都是指葡萄的果实，提子是广州一带居民对葡萄的一种叫法。

猜一猜：
葡萄和提子是一样的吗？
一样 □　　不一样 □

第二章
绿野探险：公益林探索

巨峰葡萄

红提

阳光玫瑰

🍊 葡萄的营养

葡萄的品种虽多，但不同品种的葡萄之间营养差异并不大。葡萄的主要营养成分是碳水化合物、蛋白质、脂肪、不溶性膳食纤维、胡萝卜素、维生素C、钾等。葡萄的主要成分是膳食纤维和多酚类化合物。

> **想一想：**
> 葡萄品种多样，颜色也很丰富，平时在超市里可以见到黑色、红色和绿色的，请问，你喜欢吃哪一种颜色的葡萄呢？
> 黑色 ☐　红色 ☐　绿色 ☐

葡萄的膳食纤维主要存在于葡萄的果皮和葡萄籽中，具有促进益生菌生长、缓解便秘、调节血糖、增加饱腹感、调控体重、预防脂代谢紊乱、预防某些癌症的作用。

葡萄果皮中的多酚类化合物主要包括花色素、白藜芦醇及黄酮类；而葡萄籽中的多酚类化合物主要包括儿茶素、槲皮苷、原花青素和单宁类化合物。这些多酚类化合物具有抗氧化、保护心血管、降低某些癌症患病风险等功能，以及一些抑菌作用。

如此看来，葡萄中的主要功效成分集中于葡萄皮和葡萄籽，因此吃葡萄时连皮带籽吃是最有营养的吃法。但是，为了避免农药残留带来的潜在风险，吃葡萄之前一定要认真清洗。

🍊 吃葡萄的注意事项

尽管吃葡萄有很多好处，但也有一些注意事项，主要包括：

（1）糖尿病患者食用时需适时适量，并做好血糖监测。

（2）由于葡萄中钾含量较高，肾功能不健全人群吃太多葡萄可能存在健康风险。

另外，葡萄果皮上面的"白霜"，也称为"果粉"，是葡萄自身分泌的糖醇类物质，属于生物合成的天然物质。这类化合物不溶于水，而溶于氯仿等有机溶剂，所以无论是用水泡，还是洗、搓，都不能将其彻底除掉。

正常的"白霜"分布自然均匀，并不会覆盖葡萄表皮本身的颜色，而药剂"白霜"分布不均匀，其中还会带有暗蓝色痕迹。如果确定是葡萄自身的"白霜"，则没有必要洗掉。

想一想：

大家有没有听过以下这首绕口令：青葡萄，紫葡萄，青葡萄没紫葡萄紫。吃葡萄不吐葡萄皮，不吃葡萄倒吐葡萄皮，若要不吃葡萄非吐皮，就得先吃葡萄不吐皮。

大家平时是怎么吃葡萄的呢？
去皮吐籽 □
连皮带籽 □
无籽也要去皮 □

想一想：

葡萄果皮上的"白霜"是什么？需要洗掉吗？

● **葡萄皮上的小疙瘩**

葡萄，特别是巨峰葡萄，它们的果皮可不是全都光溜溜的哦。细心的朋友可以发现，葡萄果皮上面有很多小疙瘩，这些小疙瘩到底是什么呢？我们一起来看一下吧。

想一想：

葡萄果皮上有小疙瘩，是怎么回事呢？

葡萄果皮上的疙瘩主要有以下四种：

黄色小糙点　　黑色小凸点　　不规则伤痕面　　斑块突起结痂

上面四种类型的疙瘩到底是怎么形成的呢？用水清洗也洗不掉。而且一般来说，买回来的葡萄，几乎每一颗上面或多或少都有。在还不知道这些疙瘩的来源真相时，真的很容易让人觉得膈应。

为了科学地回答这个问题，我们可以利用徒手切片技术，将葡萄果皮制成薄片，然后将果皮切片制成临时水装片置于显微镜下进行镜检观察，通过显微视野一一揭开这些疙瘩的"庐山真面目"。

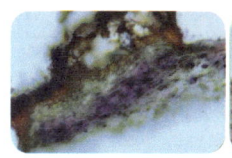  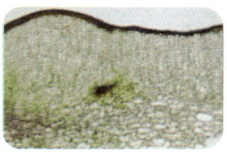 

皮孔　　　　　　　　　　　创伤木栓（创伤周皮）

原来葡萄果皮上疙瘩的来源主要有两种：一种是正常状态下形成的皮孔；一种是葡萄受伤后形成的保护层——创伤木栓，也叫创伤周皮。

皮孔是产生于植物周皮上的一种通气结构，它是植物体内部与外界环境进行气体交换的主要通道，一般是在原来的气孔下方产生一些分生组织，由分生组织产生大量的补充组织细胞，然后这些补充组织细胞突破外层木栓层，形成一个突起。这就是葡萄果皮上小疙瘩的主要来源。

至于不规则伤痕面和斑块凸起结痂，主要是由于葡萄果皮受伤之后，在其受伤处的表层及下方数层细胞发生木栓化，而斑块凸起结痂的木栓层细胞的层数比不规则伤痕面多，从而在果皮上形成宏观的凸起结痂。

不管是伤痕面还是斑块凸起结痂，都是葡萄果皮受到损伤之后，在伤口表面的下方形成的创伤木栓（创伤周皮）。创伤木栓的形成有利于植物修复伤口并防止微生物进入体内。

总而言之，葡萄果皮上的皮孔疙瘩和创伤木栓，都是葡萄果实为了适应环境而形成的正常适应性结构，而且都是为了适应环境而做出的积极响应。

其实，除了葡萄果皮，生活中还有很多水果的果皮上面也有皮孔，如梨、苹果、山楂等。

🟠 填一填：我观察到的葡萄

观察对象	葡萄	
观察内容	品种名称	
	葡萄的颜色	
	葡萄的味道	
拓展内容	观察一个葡萄花序上一般有几颗果实？	
	请列举市场上哪些产品是由葡萄做成的？想一想，葡萄还可以做什么创新产品？	
	我的其他发现	

绿野探险：公益林探索

成效评估

● 课程评价

学生课堂表现自评表			
评价内容	评价等级		
我能认真听导师讲课、听同学发言			
遇到我会回答的问题，我都主动举手发言			
我能积极参与小组讨论、参与合作			
我善于思考，并能有条理地表达自己不同的看法			
我能以恰当的方式指出同学解答中的错误			
我得到了导师的表扬、同学的赞赏			
我在学习的过程中感受到快乐			
最欣赏哪位同学的表现呢？为什么？			
我还有与这节课相关的问题问导师			

77

绿意探秘
生态公益林的动植物奇遇

● 记录教学总结与反思

第七课：爱莲说

 课程背景

● 背景一：莲的来历

据史书记载，莲花在我国周代，甚至更早时，就被视为神圣的植物，常被用于祭祀和宗教仪式。在古代，莲花的传播主要依靠河流和湖泊等水路交通。随着时间的推移，莲花的分布范围逐渐扩大，如今在我国南方各地均有分布。莲花也逐渐融入了人们的日常生活，成为文学、艺术和园林景观的重要元素。

● 背景二：莲的栽培史

莲在中国有着悠久的栽培历史。在1973年发掘的河姆渡遗址中，发现有莲等水生植物的花粉化石，该遗址距今已有7000年的历史，说明人类在新石器时期就已经开始种植莲等水生植物。

早在新石器时代，古人就采集莲子为食，同时以莲作为观赏对象。以藕做菜，使莲逐渐从人工防护到引种野生莲栽植、驯化，食用与观赏并举。观赏用的花莲在我国亦有悠久的栽培历史。每当国泰民安，社会安定，经济繁荣时，对莲的研究也随之发展；反之，社会动乱，经济萧条之际，对莲的研究便衰落不前。

绿意探秘
生态公益林的动植物奇遇

小学生回答有关莲的问题

老师讲解有关莲的知识

教学对象及目标

教学对象
- 小学至初中的学生。

觉知目标
- 认识莲的历史文化;
- 认识莲的形态特征;
- 认识莲的诗词文化。

知识目标
- 了解莲和睡莲的区别;
- 了解莲蓬的结构;
- 了解莲的食用和药用价值。

态度目标
- 通过搜集、整理、探究有关莲的各种知识,培养学生处理各类信息的能力;
- 通过各种形式的探究性活动,揭开莲文化的神秘面纱,了解莲与生活、文学艺术的密切关系,激发学生探究事物的兴趣。

技能目标
- 学会制作临时装片;
- 学会操作显微镜。

教学工具

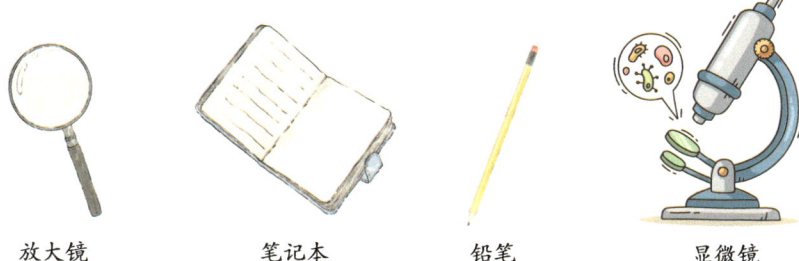

| 放大镜 | 笔记本 | 铅笔 | 显微镜 |

课程准备

注意事项
- 如果发现显微镜头有污渍，要用专门的擦镜纸轻轻擦拭；
- 光线强应使用平面反光镜，光线弱应使用凹面反光镜；
- 使用显微镜时动作要轻、稳，用力不要过猛，要轻拿轻放；
- 观察时双目睁开，不要只睁左眼或右眼。

使用建议
- 提取安放显微镜：提取时，一手握住镜臂，一手托住镜座。安放位置：镜臂靠近身体略偏微左；镜座距离试验台边缘大约5厘米。
- 安放玻片：将玻片标本放入压片夹后部的空隙处，用双手将玻片缓慢向前推，动作要轻，使标本正对通光孔。
- 调节光线：选最大光圈对准通光孔，左眼注视目镜，双手转动反光镜，直到看见明亮视野为止，并用遮光器调节光线的强弱程度。
- 转动转换器：缓慢转动转换器，使低倍物镜对准通光孔。

课程内容

环节名称		环节概要	时长
环节一	准备阶段	播放有关莲的图片、与莲相关的诗词；学员分组	10分钟
环节二	初嗅荷香访莲	学生利用书籍或网络学习关于莲的知识，展示小组设计的谈话节目"走进莲的世界"	30分钟
环节三	莲专题科普	（1）了解莲的形态特征； （2）了解莲的诗词名篇； （3）了解莲的中华文化； （4）揭秘莲的经济价值	50分钟
环节四	实验实践	（1）学习制作临时装片； （2）显微观察荷叶的横切面表皮上的乳突	30分钟
环节五	归纳总结	总结莲果实的特征；分享显微操作的感受	10分钟

时长：130分钟；场地：广东潮安凤凰山省级自然保护区实验室。

课程知识

● 莲的基础知识

莲（*Nelumbo nucifera* Gaertn.）是莲科莲属的一种多年生水生草本植物，它有很多种别名——荷花、菡萏、芙蓉、芙蕖、碗莲、缸莲等，产于我国南北各省。莲自生或被栽培在池塘或水田内，花大美丽，芳香；花瓣红色、粉红色或白色，是我国十大名花之一。

> 想一想：
> 你知道我国十大名花都有哪些吗？

莲的形态特征

莲，这位水中的舞者，拥有肥厚而充满生命力的根状茎，横向蔓延于泥土之下，节间长。叶片如盾牌般呈圆形，勇敢地探出水面，叶柄细长且中空，宛如舞者的纤细腰肢，表面则覆盖着一层细密而精巧的刺，既美观又坚韧。

而最令人惊艳的，莫过于那朵独生于花葶顶部的莲花了。有的花瓣如雪般洁白，花心则明黄亮丽，犹如繁星点点，独特的芬芳更让人心旷神怡。在清新的香气中，莲花如一位优雅的仙女，静静地在水面上舞蹈，吸引无数的目光和赞叹。

无论是那肥厚的根状茎、精致的叶片，还是那美丽的花朵，都在默默地诉说着莲花的特殊与其顽强的生命力。

周敦颐在其著作《爱莲说》中，以莲的形象比喻道德之美，表达了他对高尚品质的崇尚和追求。文中以"予独爱莲之出淤泥而不染，濯清涟而不妖"直接点明了莲花所代表的道德品质。

你是否了解，莲能从淤泥中独立生长，而不受泥沙的沾染，这种现象背后蕴含着何种生命智慧呢？水滴在莲叶上滚动如同珍珠，这背后的奥秘值得我们去探索。通过深入了解其显微结构，我们可以更好地理解这一现象——荷叶效应。

荷叶效应　　　　　　荷叶横切示表皮上的乳突

通过显微镜观察，我们发现荷叶的表皮细胞表面分布有大量微小的乳突，这些乳突的尺寸属于微米级别。然而，进一步观察发现，这些微米级乳突上还有更小的纳米级乳突。荷叶表面具有"微米—纳米"双重结构，正是这种结构赋予了荷叶独特的性质。这些乳突之间的凹陷部分充满空气，而水滴的最小直径为1~2毫米，远大于乳突的尺寸。因此，当雨水落在荷叶表面时，隔着极薄的空气层，水滴仅能与乳突的顶端有些许接触，而无法浸润到荷叶表面。由于表面张力的作用，水滴保持球状体，并在滚动时粘附灰尘，最终滚离叶面。这使得荷叶具有自洁功能。

藕断丝连，丝是何物？

在折断莲的叶柄或根状茎（莲藕）时，我们可以观察到一些丝状物将折断的叶柄或藕段连接在一起，这种现象被称为"藕断丝连"。那么，这些"丝"到底是什么呢？

> **想一想：**
> "藕断丝连"的"丝"到底是什么呢？

通过显微镜观察发现，这些丝实际上就是莲输导组织中的导管（螺纹导管）。导管是植物体内输送水分的主要管道，其中螺纹导管具有一定的强度和弹性。因此，当我们折断莲的叶柄或根状茎时，这些螺纹导管就被牵拉出来并将被折断的部分连接在一起，呈现"藕断丝连"的现象。

莲藕

折断莲的叶柄

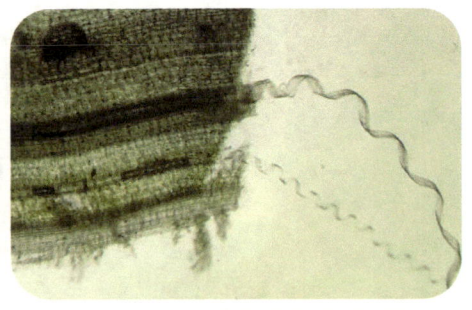

显微镜下莲叶柄被牵拉出来的螺纹导管

第二章
绿野探险：公益林探索

中通外直，不蔓不枝

所谓"中通外直，不蔓不枝"，是指莲梗中心贯通，直挺不弯。莲的叶柄、莲藕及叶片内部，均存在大小不一的腔洞。这些腔洞实际上是通气组织的一种表现形式。所谓通气组织，是一种特殊的薄壁组织，其细胞之间具有明显的间隙。在水生和湿生植物中，通气组织较为发达。例如，水稻和莲的根、茎、叶中，薄壁细胞之间的间隙较大，甚至会在其体内形成一个相互贯通的通气系统。这种通气系统能够有效地将光合作用产生的氧气输送到根部，并且还承担着为植物在水中提供浮力及支撑的重要功能。

> **想一想：**
> 为什么莲的叶柄和根状茎（莲藕）内部有这么多的腔洞？

莲蓬的结构

一朵完整的花可分为五个部分：花梗（花柄）、花托、花被、雄蕊群和雌蕊群。

莲花的花朵较大，花瓣数量众多，呈白色、粉色或红色，花瓣形状为长圆状椭圆形，向内逐渐变小，有时会变形成为雄蕊。雄蕊的数量也非常多，花丝细长，药隔呈棒状，而心皮则多数离生，并埋于倒圆锥形花托穴内。正因如此，我们通常所说的莲蓬实际上就是指膨大呈倒圆锥形的花托。

> **想一想：**
> 莲蓬到底是莲的哪个结构？

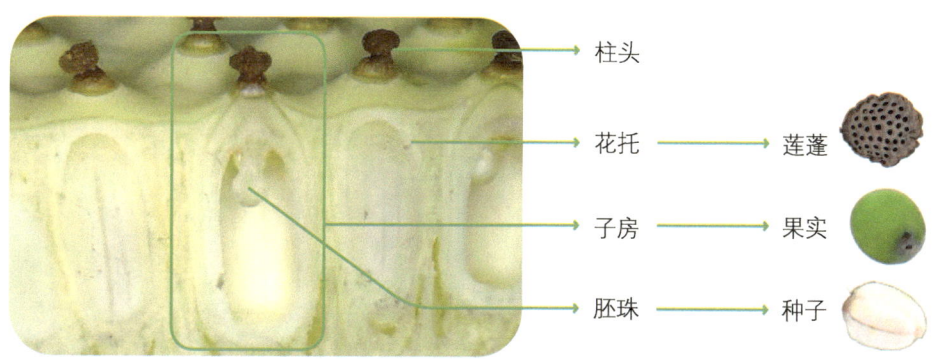

莲的结构

莲全身都是宝

莲是一种非常有价值的植物，其各个部位都有广泛的应用。首先，莲的根状茎，也就是我们常说的藕，不仅在烹饪中可以作为蔬菜食用，还可以提制淀粉，制作成美味的藕粉。其次，莲的种子也可以供人们食用，具有很高的食用价值。最后，莲的叶、叶柄、花托、花、雄蕊、果实、种子及根状茎等部位，也都有重要的药用价值。例如，荷叶和荷梗可以煎水喝，具有清暑热的作用；藕节、荷叶、荷梗、莲房、雄蕊和莲子等都富含鞣质，可以作为收敛止血药使用；另外，荷叶可以作为茶的代用品，也可以用作包装材料。综上所述，莲是一种全身都是宝的植物，具有多种用途和价值。

● **填一填：我观察到的莲**

观察对象		莲
观察内容	品种名称	
	莲的颜色	
	莲的味道	
拓展内容	睡莲是莲吗？	
	关于莲的古诗有哪些？	
	我的其他发现	

87

绿意探秘
生态公益林的动植物奇遇

成效评估

● 课程评价

学生课堂表现自评表		
评价内容	评价等级	
我能认真听导师讲课、听同学发言		
遇到我会回答的问题，我都主动举手发言		
我能积极参与小组讨论、参与合作		
我善于思考，并能有条理地表达自己不同的看法		
我能以恰当的方式指出同学解答中的错误		
我得到了导师的表扬、同学的赞赏		
我在学习的过程中感受到快乐		
最欣赏哪位同学的表现呢？为什么？		
我还有与这节课相关的问题问导师		

绿野探险：公益林探索

● 记录教学总结与反思

第八课：奇妙的昆虫世界

课程背景

《3—6岁儿童学习与发展指南》提出，要让幼儿亲近自然，热爱探究，培养幼儿初步的探究能力，在探究中认识周围的自然事物和现象。

教学对象及目标

教学对象
- 幼儿园儿童。

觉知目标
- 通过观察，认识生活中常见的昆虫；
- 通过观察和学习，认识昆虫的特征；
- 通过观察图片和视频，了解昆虫的自我保护方式，理解保护色和拟态的作用。

知识目标
- 了解昆虫的基本形态结构与特征；
- 了解昆虫的生活场所和生长方式；
- 学习区分昆虫；
- 学会保护昆虫、爱护大自然的道理。

态度目标

- 科学精神：通过观察、体验、讨论、分享等形式，激发幼儿对昆虫的兴趣，学会用科学的态度看待昆虫。
- 自主学习：通过小组竞猜、讨论等方式，自主学习、掌握相关的昆虫知识，能够从材料中提取有用的信息并运用于实践中。
- 责任担当：通过对相关昆虫的了解，认识益虫对生态系统和环境的重要性。

教学工具

标本

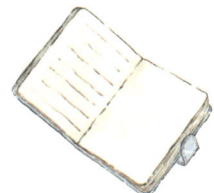
绘画本

彩色笔

放大镜

课程准备

设计意图

- 基于《指南》的基本要求，本课程从幼儿体验和探究自然的基本需求出发，在横向的维度上，将课程的目标体系聚焦于"自然品性""自然能力"和"自然认知"三个方面。

课程内容

环节名称		环节概要	时长
环节一	问题导入	师：同学们，在日常生活中，你们有没有见过昆虫？ 生：见过。 师：那你们见过哪些昆虫呢？ 生：毛毛虫、蜘蛛、蝴蝶…… 师：今天老师带大家进入昆虫王国，让我们一起来认识昆虫。（出示昆虫图片教具、放大镜）	10分钟
环节二	看看、讲讲	（通过展示昆虫的图片教具，初识昆虫） 师：同学们来观察一下图片上的昆虫们，说说你们看到了什么？ 生：这是蝴蝶，它有翅膀。/这是蚂蚁，它头上有两条长长的角。 师：同学们都回答得非常好，那接下来老师给大家播放一个视频，让我们来看一下这些昆虫的特点。（出示昆虫视频资料）	20分钟
环节三	画画、说说	（通过视频资料与动手绘画深入了解昆虫的特点） 师：在刚刚的图片和视频中，我们看到昆虫的种类是非常多的。大自然中也有许多昆虫，虽然它们长得不一样，但是有一些昆虫也有相同的特征。现在请同学们任意画出一种昆虫，并且说说它有什么特征，看看谁观察得最仔细。（播放音乐，出示彩色笔、绘画本）	30分钟
环节四	赛赛、比比	（趣味游戏巩固昆虫知识要点，分组竞赛增加趣味性、挑战性） 师：现在我们来分小组玩游戏。我们通过视频学习了什么是害虫，什么是益虫，现在每个小组来寻找图片上有哪些害虫，哪些益虫，看看哪个小组找得又快又准。（出示图片给学生寻找）	20分钟
环节五	学学、演演	（激发学生学习热情与感知能力） 师：同学们，现在我们来学一学昆虫是如何蜕皮的，让我们来演一演好不好？ 生：跟随游戏。（出示视频，播放音乐）	10分钟

续表

环节名称		环节概要	时长
环节六	课外扩展	（通过益虫能够保护环境的故事倡导学生保护益虫，爱护大自然） 师：我们来看一个关于益虫的故事，说说你们看到了和听到了什么。 生：看到了××，听到了××。 师：在我们的大自然环境中，有许多昆虫，有益虫，也有害虫，我们要有保护益虫、消灭害虫的意识，爱护和保护大自然。（出示课件）	10分钟
环节七	总结与评分	（总结回归主题，评选最优小组树立榜样，为下节课做好铺垫） 师：我们在今天学习了昆虫的××知识，表现最好的小组是××小组，在接下来的课程老师还会带来我们的新朋友××。 （过程性评价：纪律意识/学习态度/团队意识/文明礼仪/品德修养） （总结性评价：学习达成/学习内容与形式/学习效果表达） （分发收纳袋、IP娃娃、动物展示卡）	20分钟

时长：120分钟；场地：广东潮安凤凰山省级自然保护区课堂。

课程知识

● **什么是昆虫?**

昆虫是动物王国中最大的群体。科学家估计地球上有超过100万种昆虫，它们生活在从火山到冰川的每一个可以想象的环境中。

> **想一想：**
> 什么是昆虫？

昆虫可以通过为我们的粮食作物授粉、分解有机物、为研究人员提供癌症治疗的线索来帮助我们，甚至助力破案。但是，它们也可能会传播疾病、破坏植物结构，对我们造成伤害。

绿意探秘
生态公益林的动植物奇遇

🟠 如何区分昆虫？

黄蜂的身体结构

（1）身体明显分为头、胸、腹3个部分；
（2）头部不分节，长有口器与1对触角；
（3）一般具备单眼和复眼；
（4）胸部作为运动中心，长有3对足；
（5）通常情况下，成虫会长着2对翅膀，但也有例外；
（6）腹部包含大部分内脏与器官，是生殖和营养代谢的中心；
（7）昆虫在成长过程中一般会经历一系列内、外形态的变化，即变态过程。

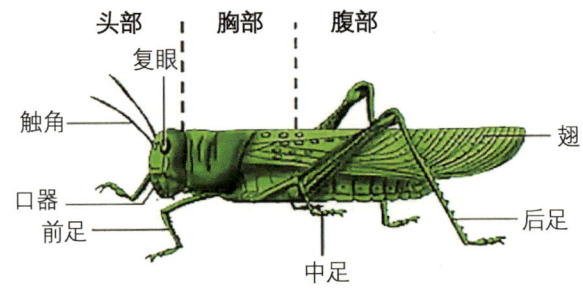

昆虫的形态结构

注意：区分昆虫与蜘蛛、蜈蚣等其他节肢动物时，一般只需记住昆虫是有3对足、2对翅，分头、胸、腹3个部分的动物就可以了。

🟠 昆虫的形态结构

昆虫的成虫通常有2对翅和6条腿，翅和足都位于胸部。身体由一系列体节构成，进一步集合成3个体段（头、胸和腹）。一对触角头上生，骨骼包在体外部。

（1）头部：昆虫头部外壁坚硬，是感觉和取食的中心，头部上前方有1对触角，下方是口器，两侧通常有1对大的复眼，头顶常有1～3个小的单眼。

（2）胸部：胸部由3个体节组成，依次称为前胸、中胸和后胸。每个体节都带有1对附肢，称为胸足。胸部是运动的中心。胸足通常会特化，以更好地完成如挖、跳、游泳或捕捉等任务。

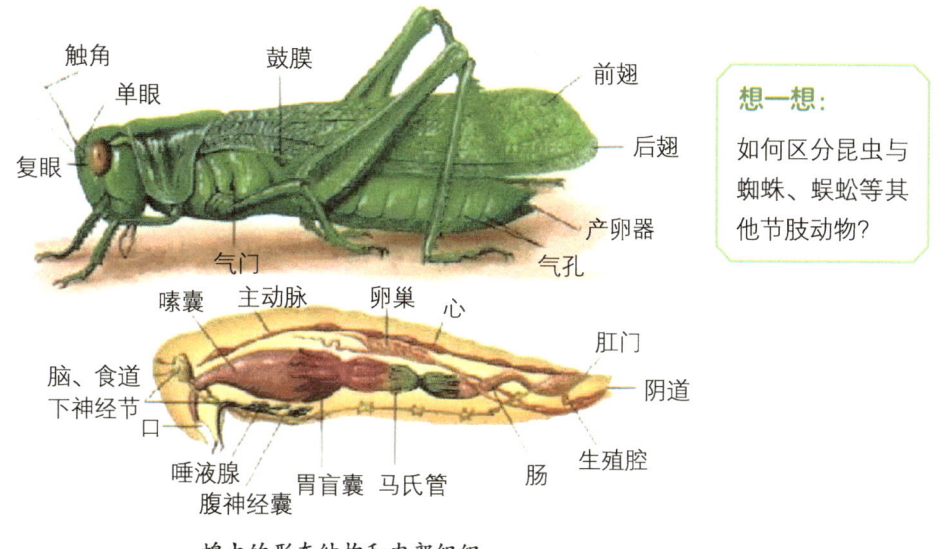

想一想：

如何区分昆虫与蜘蛛、蜈蚣等其他节肢动物？

蝗虫的形态结构和内部组织

（3）腹部：昆虫在腹部有着重要的器官，如管状的心脏，胃肠系统和生殖器官。腹部是生殖中心。

（4）触角：多数昆虫在2只复眼的中上方都有1对触角，触角是昆虫的主要感觉器官，帮助昆虫探明前方是否有障碍物，寻找食物和配偶。

水生昆虫的环境

● 常见的昆虫种类

昆虫主要分为鞘翅目、鳞翅目、双翅目、膜翅目、半翅目、直翅目、广翅目、蜻蜓目等。

昆虫种类示例图	种类简介
	鞘翅目是昆虫纲中的第一大目，通称"甲虫"。种类有33万种以上，占昆虫总数的40%。中国记载有7000余种。它们的前翅呈角质化，坚硬，无翅脉，称为"鞘翅"，并因此而得名

续表

昆虫种类示例图	种类简介
	鳞翅目是昆虫纲中的第二大目,由于身体和翅膀上被有大量鳞片而得名。成虫一般取食花蜜、水等物,不为害虫。幼虫绝大多数陆生,植食性,危害各种植物;少数水生
	双翅目包括蚊、蠓、虻、蝇等,是昆虫纲中较大的目。因其成虫前翅为膜质,后翅退化成名为"平衡棒"的结构而得名。双翅目分为长角、短角和环裂三个亚目
	膜翅目包括各种蚁类蜂类,特征明显,包括嚼吸式口器、前后翅连接靠翅钩完成等。本类群分布很广,已知种类100000多种,估计至少250000种
	半翅目由异翅亚目和同翅亚目组成,有133科、超过60000种。异翅亚目即椿象,是昆虫纲中的主要类群之一。半翅目昆虫的前翅在静止时覆盖在身体的背面,后翅藏于其下

● **昆虫的生活场所**

昆虫种类这么多,其生活方式与生活场所也是多种多样的。可以说,从天涯到海角,从高山到深渊,从赤道到两极,从海洋、河流到沙漠,从草地到森林,从野外到室内,从天空到土壤,到处都有昆虫的身影。

如果按昆虫最适宜的活动场所来区分,大致可分为以下五类。

（1）在空中生活的昆虫:蜜蜂、马蜂、蜻蜓、苍蝇、蚊子、牛虻、蝴蝶等。

（2）在地表生活的昆虫:步行虫（放屁虫）、蠊等。

（3）在土壤中生活的昆虫:蝼蛄、地老虎（夜蛾的幼虫）、蝉的幼虫等。

（4）在水中生活的昆虫:有的昆虫终生生活在水中,如半翅目的负子蜉、田鳖龟蝽、划蝽等，鞘翅目的龙虱、水龟虫等；有些昆虫只是幼虫（特称它们为稚虫）生活在水中，如蜻蜓、石蛾、蜉蝣等。

（5）寄生性昆虫：有些寄生性昆虫终生寄生在哺乳动物的体表，依靠吸血为生，如跳蚤、虱子等；有些则寄生在动物体内，如马胃蝇；还有些寄生在其他昆虫体内，人们可利用它们来防治害虫，被称为生物防治，如小蜂、姬蜂、茧蜂、寄蝇等。

● 昆虫的生长方式

昆虫生长方式示例图	生长方式简介
	蜕皮生长： 昆虫的幼虫在生长过程中体形会逐渐变大，其表面的外骨骼和皮肤就会被逐渐变大的躯体胀破。慢慢地，幼虫的"外套"开始脱落，新生一层更大、更坚硬的表皮。经历多次蜕变，幼虫才能成长为成虫
	地下生长： 多数昆虫的幼虫都非常脆弱，因此它们要在相对安全的地方才能长成成虫。例如，金龟子的幼虫就是在地下生长的，它们会在地下待好几周，直到长成成虫后才到地面上活动
	水中生长： 有些昆虫的幼虫适于在水中生存，直到长成成虫才到陆地生活，而有些昆虫终生都生活在水中

● 昆虫的自我保护

昆虫的种类不计其数，它们在面临危险时采取的自卫方式也多种多样，有的具有保护色，有的具有警戒色，还有的能改变自身形状或在外观上模仿一些具有不被攻击特性（如具有毒素）的动物，以此避开敌害。

动物的保护色

绿意探秘
生态公益林的动植物奇遇

昆虫示例图	自我保护方式简介
	**保护色：** 有些昆虫经常混入与自身体色相近的环境中进行觅食等活动，敌害很难察觉到它们的存在。例如，蝗虫经常混入与自身体色相近的草丛
	**警戒色：** 有些昆虫不需要伪装自己，而是用其艳丽的体色警示其他动物不要靠近
	**斑点：** 许多昆虫的翅膀上都长着有利于伪装的翅斑。例如，很多蝴蝶和飞蛾的翅膀上都长有眼状翅斑，在遭遇敌害时，它们就会把翅斑亮出来，唬住对方，趁机逃生
	**有毒的身体：** 有些昆虫经常以一些有毒的植物为食，并把毒汁储藏在体内。它们的身体会呈现几块黄色或黑色或多种颜色组合（如黑黄、黑红等）的斑纹，以此警告捕食者——它们有毒，最好不要以它们为食
	**拟态：** 某些昆虫会在形态、斑纹、颜色等特征上模仿另一种动物、植物或自然界的物体，借以保护自身免受侵害。例如，枯叶蝶的翅膀像枯叶、竹节虫的身体像竹节等

● **凤凰山保护区常见的昆虫**

膜翅目（Hymenoptera）

马蜂　　　　中华蜜蜂　　　　熊蜂　　　　细腰蜂（蜾蠃）　　　　蚂蚁

双翅目（Diptera）

牛虻　　　白纹伊蚊　　　市蝇　　　食蚜蝇　　　食虫虻

半翅目（Hemiptera）

蚱蝉　　　角蝉　　　泛刺同蝽　　　直凹大叶蝉　　　点蜂缘蝽

鳞翅目（Lepidoptera）

柑橘凤蝶　　　青黄枯叶蛾　　　胡桃豹夜蛾　　　长尾褐蚬蝶　　　蓝目天蛾

鞘翅目（Coleoptera）

七星瓢虫　　　铜绿丽金龟　　　双叉犀金龟　　　竹象鼻虫　　　金斑虎甲

直翅目（Orthoptera）

蟋蟀　　　棉蝗　　　蚱蜢　　　斑翅草螽　　　叩头虫

成效评估

● 课程评价

学生课堂表现自评表			
评价内容	评价等级		
我能认真听导师讲课、听同学发言			
遇到我会回答的问题，我都主动举手发言			
我能积极参与小组讨论、参与合作			
我善于思考，并能有条理地表达自己不同的看法			
我能以恰当的方式指出同学解答中的错误			
我得到了导师的表扬、同学的赞赏			
我在学习的过程中感受到快乐			
最欣赏哪位同学的表现呢？为什么？			
我还有与这节课相关的问题问导师			

第二章
绿野探险：公益林探索

● 记录教学总结与反思

第九课：神奇的鸟

课程背景

● 凤凰山保护区，珍稀鸟类的天堂

广东潮安凤凰山省级自然保护区位于广东省潮州市潮安区，保护区以其独特的地理位置、丰富的自然资源和多样的生态环境，吸引了众多鸟类在此栖息和繁衍。保护区内鸟类种类繁多，其中包括许多珍稀濒危品种，如白鹇等。这些鸟类不仅是自然生态系统中的重要组成部分，而且是生态平衡的维护者和自然环境的指示器。然而，随着人类活动的不断扩展和生态环境的日益恶化，鸟类的生存空间遭到了严重威胁。

为了提高公众对鸟类及其栖息地的保护意识，传播鸟类科学知识，加强公益林建设，不断提高公益林的管护成效，充分发挥公益林的生态效益，我们特别开设了关于广东潮安凤凰山省级自然保护区鸟类的科普课程。

第二章　绿野探险：公益林探索

教学对象及目标

教学对象
- 小学至高中的学生。

觉知目标
- 学会观察和爱惜珍稀濒危鸟类；
- 觉知鸟类可能面临环境变化和生存挑战。

知识目标
- 了解鸟类的生活习性、迁徙规律以及它们在生态系统中的作用；
- 了解鸟类对人类生活的影响；
- 了解鸟类及其栖息地的保护措施。

态度目标
- 对鸟类及其栖息地产生敬畏之心，尊重自然、热爱生命；
- 树立环保意识，积极参与鸟类保护工作；
- 激发学习者的环保意识和责任感。

行为目标
- 践行对鸟类有利的环境友好生活行为。

教学工具

标本

绘画本

彩色笔

放大镜

103

绿意探秘
生态公益林的动植物奇遇

课程准备

设计意图

- 课程包括室内和室外两部分，旨在通过生动的案例和实践活动，激发学生对鸟类的保护意识。
- 室内课程注重理论知识的传授，结合对鸟类物种多样性的观察和学习，让学生了解鸟类的独特结构和适应能力，其对栖息地的选择，特色物种的生活习性、保护措施等基本知识。
- 室外课程注重实践体验，通过实地观察鸟类和制作鸟巢，让学生亲身体验和观察鸟类的生活，并学习如何保护鸟类的栖息地。

课程内容

环节名称		环节概要	时长
环节一	普及鸟类知识	（1）介绍鸟类的基本特征、种类、分布、习性等基础知识； （2）介绍鸟类对生态环境、人类生活的影响； （3）介绍对鸟类及其栖息地的保护措施	40分钟
环节二	保护区鸟类介绍	（1）分享凤凰山保护区鸟类的种类、分布、现状及目前面临的挑战； （2）分享保护区目前对鸟类栖息地采取的保护措施	40分钟
环节三	分享总结	为推动鸟类保护工作的深入发展出谋划策	10分钟

时长：90分钟；场地：广东潮安凤凰山省级自然保护区课堂。

课程知识

● **关于鸟的成语或诗句**

关于鸟的成语有鸟语花香、鸟尽弓藏、惊弓之鸟、百鸟争鸣等。

关于鸟的诗句有：

春眠不觉晓，处处闻啼鸟。（孟浩然）

几处早莺争暖树，谁家新燕啄春泥。（白居易）

两个黄鹂鸣翠柳，一行白鹭上青天。（杜甫）

鸟向檐上飞，云从窗里出。（吴均）

> **想一想：**
> 你知道哪些关于鸟的成语或诗句呢？

● **多种多样的鸟类**

鸟类是指体表披覆羽毛、有翼、恒温和卵生的高等脊椎动物。

全世界已知的鸟类有9000多种，我国已知的鸟类有1300多种。

鸟的种类很多，是脊椎动物中种类数量仅次于鱼的一个类群。

> **想一想：**
> （1）你知道什么是鸟吗？
> （2）鸟都有哪些种类？

● **鸟的种类和分布**

按照生活环境可将鸟分为森林鸟类、山地鸟类、沼泽鸟类、水域鸟类和空中鸟类等。

不同种类的鸟类分布在世界各个角落，从雨林到荒漠，从海洋到高山，都有它们的身影。

> **想一想：**
> 世界上已知的鸟类有9000多种，除鸵鸟、企鹅等少数鸟不能飞行外，其他都能飞行，这是为什么呢？

绿意探秘
生态公益林的动植物奇遇

我国疆域辽阔,地形复杂,气候多样,为不同鸟类的繁衍生息提供了良好的环境。

● 鸟类的基本特征

> **想一想:**
> (1)世界上最小的鸟类是什么?
> (2)世界上最长寿的鸟类是什么?
> (3)世界上最会说话的鸟类是什么?

鸟类体表披覆羽毛,具有翼,恒温且卵生。

鸟类具有独立的感觉器官和运动器官,能够感知外界环境并做出相应的反应。

鸟类具有高度发达的神经系统和内分泌系统,能够自主调节生理机能并适应复杂多变的环境。

纤羽
(鸟通过纤羽感知周围的环境变化)

覆羽
(鸟身上长满覆羽,可以保暖和修饰体形,还能增添色彩。覆羽的羽轴比正羽的细)

正羽
(鸟依靠正羽飞翔。正羽很长,鸟通过尾部的正羽来控制方向和保持平衡)

绒羽
(绒羽又小又短,羽轴很短。是一种优良的隔热材料,能够为鸟保暖)

● 世界上最小的鸟类——蜂鸟

蜂鸟是目前世界上已知的最小鸟类,体长仅有5.5厘米,体重约为2克。

蜂鸟的飞行速度很快,可以在空中悬停和倒退。蜂鸟主要以花蜜为食,也捕食昆虫。

蜂鸟的翅膀1秒可以挥动70~80下,速度非常快。

蜂鸟

蜂鸟的头部

世界上最大的鸟类——鸵鸟

鸵鸟是世界上最大的鸟类，身高可达2.5米，体重可达150公斤。鸵鸟的寿命非常长，是最长寿鸟类之一，可以活到70岁以上。鸵鸟的蛋也是世界上最大的蛋，重量可达1.5公斤。

鸵鸟

鸵鸟的头部

最会说话的鸟类——鹦鹉

鹦鹉是极受欢迎的宠物鸟类之一，因为它们的模仿能力非常强，可以模仿各种声音和语言，甚至可以模仿人类讲话。

鹦鹉的羽毛也非常美丽，有各种各样的颜色和图案。

在生活中或者电视剧中大家有没有听过鹦鹉的说话声呀？好不好听？

鹦鹉

鹦鹉的头部

鸟类适于飞行的特点

轻质骨骼：

鸟类骨骼的构造使得它们体重较轻，这有助于减少其飞行时的阻力。

高效呼吸系统：

鸟类的呼吸系统高效且能够快速交换氧气和二氧化碳，这使得它们能够在飞行时维持稳定的能量供应。

羽毛结构：

鸟类的羽毛能够提供飞行所需的升力和稳定性，使它们能够在空中保持平衡和高速飞行。

> **想一想：**
> 鸟类的身体（外部形态、内部结构、生理特性）有哪些适于飞行的特点？

● 为什么鸟类可以长途迁徙

导航能力：

许多迁徙鸟类具有出色的导航能力，能够根据日月星辰、地球磁场以及地标等线索进行定位，确保在漫长的迁徙路途中不会迷失方向。

耐力与体力：

迁徙鸟类具有强大的耐力和体力，能够在长时间飞行中保持稳定的速度和高度，确保顺利到达目的地。

> **想一想：**
> （1）为什么鸟类可以长途迁徙？
> （2）你有没有听说过鸟类迁徙，比如北方的鸟成群结队地去南方过冬呀？那么，为什么鸟类可以飞行那么远呢？

生物钟与基因调控：

迁徙鸟类具有内置的生物钟和基因调控机制，能够感知季节变化并做出相应的迁徙决策，确保在最佳时间开始和结束迁徙旅程。

● 为什么鸟类有漂亮的羽毛和悦耳的歌声

社交信号	鸟类鲜艳的羽毛和悦耳的歌声通常用于吸引异性并警告同性竞争者，有助于维护鸟类的社交秩序
保护机制	鸟类的某些鲜艳羽毛可能起到警告和威慑捕食者的作用，而悦耳的歌声则可能用于吸引配偶或警告同伴

续表

| 健康指标 | 鸟类的羽毛状况和歌声质量能够反映其健康状况和营养水平，有助于鸟类个体进行自我评估和寻找合适的伴侣 |

> **想一想：**
> 美好的早晨，我们在叽叽喳喳的鸟叫声中醒来，为什么它们的声音那么好听呢？

● 鸟类与人类的生活关系

鸟类与人类的关系密切且多样，鸟类在多个方面对人类生活产生了积极的影响。

鸟类在消灭鼠类及害虫方面发挥着重要作用，是自然界中不可或缺的"害虫控制者"。许多鸟类，如猫头鹰、隼、雀鹰等，以鼠类为主食，可以有效控制鼠害。燕子、杜鹃、啄木鸟等鸟类大量捕食昆虫，包括那些危害农作物和森林的害虫，如蝗虫、松毛虫等，从而在一定程度上减少农药的使用，促进生态农业的发展。

> **想一想：**
> 鸟类是不是对我们很重要呀？那我们应该怎么保护它们呢？

消灭鼠类及害虫

提供动物蛋白

观赏

绿意探秘
生态公益林的动植物奇遇

● **保护鸟类对生态平衡的作用**

| 维持生物多样性 | ● 鸟类是生态系统的重要组成部分，它们在食物链中扮演着关键角色，有助于控制害虫和害兽的数量，促进生态系统的平衡。 |

想一想：
大家都知道鸟类是人类的朋友，它们那么小，那么可爱，我们是不是应该保护它们，不让它们受伤害呀？那么，保护它们有什么重要性呢？

| 促进植物繁殖 | ● 许多鸟类会食用种子，帮助植物繁殖和分布，这对于维持生态系统的健康至关重要。 |

| 提醒生态系统变化 | ● 鸟类的数量和健康状况可以反映出生态系统的健康状况，提醒人们保护生态系统。 |

第四届广东省森林文化周活动现场

自然教育导师为访客讲解

● **保护鸟类对人类生活的影响**

| 农业和林业的保护者 | ● 鸟类有助于控制害虫和害兽的数量，保护农作物和林木，提高农业和林业的产量和质量。 |

| 维持自然美景 | ● 许多鸟类具有美丽的羽毛和悦耳的歌声，它们的存在让大自然更加美丽，吸引人们去欣赏和享受自然。 |

| 教育和科研价值 | ● 鸟类是教育和科研的重要对象。通过研究鸟类，人们可以了解生物进化、生态平衡等重要科学问题。|

自然教育导师为小学生科普珍稀濒危动植物

小学生参加保护区自然教育活动

保护鸟类及其栖息地

| 建立自然保护区 | ● 建立自然保护区可以保护鸟类的栖息地，防止人类活动对鸟类造成干扰和危害。|

| 制定法律法规 | ● 通过制定和执行相关法律法规，禁止猎杀、交易和运输珍稀鸟类，保护鸟类的生存和繁殖。|

| 改善环境 | ● 通过改善环境，减少空气污染、水污染和噪声污染等，提高鸟类的生活质量。|

| 增强公众意识 | ● 通过教育和宣传，增强公众对鸟类保护的意识，鼓励人们参与到鸟类保护的行动中来。|

学习鸟类知识，增强保护意识

了解鸟类的种类、习性、栖息地和迁徙等基本知识，加深对鸟类的认识和喜爱。

通过书籍、网络、博物馆等渠道学习鸟类知识，提高对鸟类保护重要性的认识。

关注鸟类保护的最新动态和科研成果，了解保护鸟类的最新方法和技术。

● **填一填：我观察到的鸟类**

鸟的名字		
观察内容	雌性/雄性	
	羽毛颜色	
	鸟的叫声	
拓展内容	你最喜欢的鸟类是什么？为什么？	
	为什么有些鸟类会在特定的季节消失？它们去哪里了？	
	鸟类对环境有哪些影响？我们应如何保护鸟类和它们的栖息地？	

第二章　绿野探险：公益林探索

成效评估

● 课程评价

学生课堂表现自评表		
评价内容	评价等级	
我能认真听导师讲课、听同学发言		
遇到我会回答的问题，我都主动举手发言		
我能积极参与小组讨论、参与合作		
我善于思考，并能有条理地表达自己不同的看法		
我能以恰当的方式指出同学解答中的错误		
我得到了导师的表扬、同学的赞赏		
我在学习的过程中感受到快乐		
最欣赏哪位同学的表现呢？为什么？		
我还有与这节课相关的问题问导师		

113

绿意探秘
生态公益林的动植物奇遇

● 记录教学总结与反思

第三章
植物奥秘：公益林研究

- 有毒植物——以美隐蔽的危险
- 植物入侵者
- 植物营养器官的变态

第十课：有毒植物
——以美隐蔽的危险

课程背景

● **背景一：有毒植物——暗藏杀机的美丽**

在人们追求美好生活的过程中，植物成为许多家庭不可或缺的一部分。它们以其独特的魅力，点缀着我们的居住环境，为人们带来宁静与和谐。然而，在这绿色的海洋中，也隐藏着一些危险。一些常见的观赏植物美丽动人，却含有一定的毒性成分，如果不慎接触或误食，可能会对人体健康造成威胁。因此，在选择观赏植物时，我们需要充分了解其特性，确保其不会对我们的健康造成危害。对于那些含有毒性的植物，我们应该将其放置在儿童无法触及的地方，避免误食或误触。总之，尽管植物为我们的生活带来了许多便利和美好，但我们不能忽视它们可能带来的潜在风险。只有充分了解并妥当管理这些植物，我们才能真正享受到它们带来的益处，让我们的生活更加健康、美好。

● **背景二：科普课程助力公众辨识有毒植物，提升安全意识**

广东潮安凤凰山省级自然保护区生物种类繁多，其中亦包含一些含有毒素的植物种类。尽管这些有毒植物在生态环境中占据重要位置，但对普通民众而言，若缺乏相应的识别知识，则可能会面临潜在的安全风险。因此，保护区特别设计了一门科普课程,其宗旨在于教育公众正确辨识这些常见的有毒植物,了解它们的特征及其可能带来的危害,提升公众的安全意识,防止在户外活动中因误食或误触而造成不必要的伤害。

教学对象及目标

教学对象
- 小学至初中的学生。

觉知目标
- 认识到有毒植物其实就在我们身边;
- 认识到有毒植物虽具有一定的危险性,但并非毫无价值。

知识目标
- 了解常见的有毒植物及其特征;
- 了解有毒植物的毒性成分和中毒症状;
- 了解常见的户外有毒植物的识别特征。

态度目标
- 提高学生对有毒植物的警觉性和自我防护意识。

教学工具

标本

绘画本

彩色笔

教学卡片

课程准备

注意事项

- 整理好图片和幻灯片，准备实地教学所需的工具和物品。
- 检查附近区域，确保安全，并准备示范用的有毒植物标本。
- 在采摘植物时，应先了解清楚其品种，尤其是对于不熟悉的植物。在采摘植物时，应戴上手套、口罩等防护用品，避免皮肤直接接触植物或吸入其粉尘。如果不慎接触到有毒植物，应立即用清水冲洗接触到的部位，并及时就医。

课程内容

环节名称		环节概要	时长
环节一	新闻案例导入	播放有毒植物相关视频或图片，引起学生兴趣	40分钟
环节二	知识讲解	（1）详细讲解几种常见的有毒植物及其特征、毒性成分、中毒症状； （2）教授学生识别有毒植物的方法	40分钟
环节三	实践活动	组织学生在保护区内进行实地考察，观察和识别常见的有毒植物	10分钟
环节四	总结与分享	分享识别有毒植物的经验和技巧（出示图片给学生寻找）	40分钟

时长：130分钟；场地：广东潮安凤凰山省级自然保护区课堂和户外。

课程知识

● 有毒植物

有毒植物是指那些含有有毒成分的植物，这些成分对人体或其他动物具有不同程度的毒性。有毒植物广泛分布于自然界，有些甚至生长在人们的生活环境中。

> **想一想：**
> 什么是有毒植物？

● 有毒植物：以美隐蔽的危险

自然界中，诸多植物皆呈现令人惊叹的美感，然而其中一部分却隐藏着潜在的危险。这些有毒植物虽具有诱人的外表，实际上却暗含毒性，使人们在探索自然界时多了一丝敬畏。

有毒植物分布广泛，涵盖各种形态和种类。它们或藏身于森林深处，或生长于荒野之地，或存在于人们熟知的花园之中。这些植物的毒性各异，有的会对人体产生致命威胁，有的会对动植物造成危害，而有的甚至会破坏生态平衡。

● 有毒植物的种类

根据有毒成分的性质，有毒植物可以分为以下五类。

（1）**生物碱类有毒植物：** 如鸦片、颠茄等。这类植物中的有毒成分对人体神经系统、循环系统、消化系统等均具有显著的毒性作用。

（2）**蛋白质类有毒植物：** 如相思豆等。这类植物中的有毒成分主要对人体的肝脏、肾脏等器官具有毒性。

> **想一想：**
> 有毒植物有哪些种类呢？

（3）萜类有毒植物：如曼陀罗、油桐等。这类植物中的有毒成分对人体的皮肤、眼睛等具有刺激性和腐蚀性作用。

（4）氰苷类有毒植物：如杏仁、桃仁等。这类植物中的有毒成分氰苷在人体内可分解为氢氰酸，对人体的呼吸系统和心血管系统具有毒性。

（5）其他有毒植物：如夹竹桃、黄花菜等。这类植物中的有毒成分对人体多个系统具有毒性，且程度各异。

有毒植物示例

如何正确认识和应对有毒植物

在有毒植物的背后，我们不禁要思考人类与自然的关系。为何这些美丽的花朵会演化出毒性？这是自然选择的结果，还是环境变迁的产物？有毒植物的存在，又给我们带来了怎样的启示？

事实上，有毒植物并非全然邪恶，它们亦是生态系统中的重要一环。在维护生态平衡、维持生物多样性方面，有毒植物发挥着至关重要的作用。例如，某些有毒植物能吸引昆虫传粉，进而促进植物的繁殖；另一些有毒植物则能为其他动植物提供庇护。

在我国，关于有毒植物的研究与利用取得了一定的成果。科学家们通过深入研究，揭示了有毒植物的毒性机制，为治疗疾病和开发新型药物提供了重要线索。同时，有毒植物的活性成分在农药、化妆品等领域也具有广泛应用。

总之，有毒植物虽美丽却暗藏危险，它们是自然界中一道独特的风景线。在欣赏这份美丽的同时，我们更应关注其背后的生态伦理与科学价值，以期在与自然的和谐共生中，探寻更多关于大自然的奥秘与智慧。

第三章
植物奥秘：公益林研究

● 常见的有毒植物

近年来，越来越多的新闻报道人们因缺乏植物学知识，在野外触碰、误采、食用有毒植物或以其饲喂家畜引起中毒，造成人身安全威胁和财产损失的事件。因此，推广植物学知识，增强公众对有毒植物的辨识能力，宣扬有毒植物带来的危险及预防手段，进一步增强公众的防护意识，显得至关重要。

● 做一做：在没有开花的时候，下面两种植物哪一种是金银花？

图A　　　　　　　　　　　　　　　图B

答：图A □　　　　图B □

忍冬，俗称"金银花"，为忍冬科忍冬属攀缘灌木，具有清热解毒、抗菌消炎等功效。近年来，时有报道因误采与金银花形态相似的有毒植物钩吻（俗称"断肠草"）而导致严重中毒的事件。那么，忍冬（金银花）和钩吻（断肠草）在形态学上该怎样区别呢？具体见下表。

部位	忍冬（金银花）	钩吻（断肠草）
叶片	叶片质感为纸质，形状呈卵形至矩形状卵形，上面有绒毛而无光泽感	叶片质感为革质，叶片较大，形状多为长椭圆状卵形，叶面的脉纹清晰，光滑无毛，因此更加翠绿

121

续表

部位	忍冬（金银花）	钩吻（断肠草）
花朵	花朵成对生于叶腋处，花冠唇形，花色最初为白色，后期逐渐变为黄色，黄白相映	花朵一般簇生在枝条的关节处或枝端，花冠漏斗状，5裂，黄色
果实	果实圆形，熟时呈蓝黑色，有光泽	蒴果卵圆形或椭圆形，熟时呈黑色，干后室间开裂为2个两裂果瓣，花萼宿存

● 依据上表的说明，将下列四张图片中的金银花与断肠草进行区分

图1　　　　　　　图2　　　　　　　图3　　　　　　　图4

答：金银花：_____　　断肠草：_____

　　钩吻全株有大毒，根和叶（尤其是嫩叶）毒性最大。误服后极易引起中毒，甚或致死。解救方法：洗胃，催吐，导泻，输液及对症治疗。中药可用三黄汤（黄芩、黄连、黄檗、甘草）灌服，蕹菜汁灌服或积雪草捣烂拌茶油灌服，金银花连叶捣烂榨汁拌黄糖灌服，细叶黄栀子（茜草科）加茅根煎水灌服。民间经验，用新鲜羊血趁热灌服解救，临床证实确有效果。

第三章 植物奥秘：公益林研究

● 接下来，我们再来认识其他常见的有毒植物

有毒植物	植物主要化学成分和毒性简介
	夹竹桃（夹竹桃科夹竹桃属）： 全株含有洋地黄毒苷元、夹竹桃苷元、乌沙苷元等化合物。汁液乳白色，有剧毒，误食后会出现流涎、恶心、呕吐、腹泻、呼吸急促等症状，或因心律失常而死亡
	羊角拗（夹竹桃科羊角拗属）： 羊角拗是华南地区常见的剧毒野生植物之一，全株有毒，其毒类主要为羊角拗苷、西诺异苷等苷类毒，种子和根毒性最强，含有毒毛旋花子素，其毒性能刺激心脏，误食会引起恶心、呕吐、腹痛、全身发冷、呼吸困难，直至死亡
	了哥王（瑞香科荛花属）： 根皮中含有南荛素、南荛辛、荛花酚等多种木脂素。根皮、茎、叶和果实中均含有毒物质，其中树脂有强烈的致泻作用，根皮对皮肤有刺激性，内服中毒量为30~45克
	黑面神（大戟科黑面神属）： 枝、叶和茎皮均含鞣质，叶含酚类三萜，种子含脂肪油。枝叶有毒，中毒后表现为头晕、上腹不适、呕吐频繁、黄疸，甚至重度昏迷，肝肿大，压痛，肝功能检查有明显损伤
	野漆（漆树科漆树属）： 主要成分是漆酚，树的汁液有毒，对生漆过敏者皮肤接触即引起红肿、痒痛，误食会引起强烈刺激，如口腔炎、溃疡、呕吐、腹泻，严重可引发中毒性肾病
	海芋（天南星科海芋属）： 全株含氰苷，嫩叶含有海韭菜苷和异海韭菜苷，鲜根茎含有结晶性海芋素和草酸钙等。全株有毒，茎毒性最大。皮肤接触其汁液会引起瘙痒或强烈刺激，眼睛与汁液接触可引起严重的结膜炎，甚至失明。误食茎叶会导致舌喉发痒、刺痛和肿胀，液涎、胃灼痛、恶心、呕吐、腹泻，严重者窒息、心脏停搏而死

续表

有毒植物	植物主要化学成分和毒性简介
	蓖麻（大戟科蓖麻属）： 蓖麻种仁所含的蓖麻毒素，是已知最毒的植物蛋白素之一。其叶子含有蓖麻碱，但毒性相对小些。全株有毒，种子毒性最大。小孩子误食蓖麻子3～4粒、成人20粒即可中毒死亡。中毒症状表现为四肢无力、恶心、头痛、腹痛、体温升高、呼吸急促、四肢抽搐、昏迷
	软枝黄蝉（夹竹桃科黄蝉属）： 含环烯醚萜类、木脂素类和其他有机酸。全株有毒，乳汁毒性最强。人畜中毒症状主要表现为呕吐、腹泻、恶心、心跳加快、循环系统和呼吸系统障碍
	木油桐（大戟科油桐属）： 果实中含有一种名为"12-O-棕榈酰基-13-O-乙酰基-16-羟基佛波醇"的物质，该物质对鱼类具有强烈的毒杀作用，其毒性效果与鱼藤酮相近；此外，还含有桐酸、亚油酸等。人食5～6粒种子即可中毒，症状为腹痛、呕吐、腹泻、头晕、口渴，以致虚脱等
	楝（楝科楝属）： 主要含有多种四环三萜化合物，皮含有大戟醇型化合物，有川楝素、苦内酯、苦林酮、苦楝酮、苦楝子素等。全株有毒，果实毒性最大，成熟果比未成熟果毒性大。人食果6～9个，种子30粒，即可中毒以致死亡。误食后最快3个小时死亡。中毒症状有恶心、呕吐、剧烈腹痛、腹泻、头痛、视物模糊，最后因呼吸肌麻痹而死
	山菅兰（阿福花科山菅属）： 全草有毒，家畜采食多量能中毒致死，捣取茎、叶汁，将汁浸米，可毒杀老鼠。人误食其果会引起噎逆症，严重时可致呼吸衰竭而死
	曼陀罗（茄科曼陀罗属）： 果实含有盐酸阿托品、东莨菪碱等。误食后会出现口渴、咽喉干燥、球结膜充血、瞳孔散大、心率增快、排尿困难、幻觉、复视、谵妄、定向障碍和烦躁等症状

续表

有毒植物	植物主要化学成分和毒性简介
	垂序商陆（商陆科商陆属）： 根含有多种毒皂苷，如商陆毒素、混合皂苷勒玛毒素、商陆皂苷E等。根及浆果对人及家畜均有毒，食后两个小时出现呕吐、腹泻、痉挛等症状，有时惊厥，严重者因呼吸肌麻痹而死亡
	苍耳（菊科苍耳属）： 含苍术苷、苍耳内酯、隐苍耳内酯、花耳砧、苍耳因、三萜醇和胆碱等。全株有毒，以果实特别是种子毒性最大。炒食种子25～400克可引起中毒，多在4～5小时出现症状。主要表现为头晕、头痛、恶心、呕吐、腹痛、便秘或腹泻、心率减慢、精神萎靡、全身无力、多汗或无汗、嗜睡或烦躁不安、瞳孔扩大等；严重者肝肾检查有损伤，肝大、黄疸，昏迷，抽搐，甚至心力衰竭、呼吸及循环衰竭而死
	犁头尖（天南星科犁头尖属）： 含有机酸、甾酸、水溶性生物碱、酚类化合物及鞣质等。块茎剧毒，误食后中毒，会刺激咽喉、呕吐、腹泻等，对眼睑结膜有直接刺激作用，甚至会导致水肿
	木薯（大戟科犁木薯属）： 含氰苷类毒素亚麻苦苷，能被其所含的亚麻苦苷酶水解而释放出氢氰酸，氢氰酸与细胞色素及细胞色素氧化酶结合，可抑制细胞呼吸。全株有毒，以新鲜块根毒性较大。食用木薯中毒的报道很多，轻者恶心、呕吐、腹泻，严重者呼吸困难、瞳孔散大，以至昏迷，最后抽搐、休克，因呼吸衰竭而死亡。 木薯的毒性主要源于氢氰酸，而氢氰酸通常能溶于水，经高温蒸煮后基本消失。煮木薯时，要注意将锅盖打开，使锅中的氢氰酸可以充分蒸发、散去。要特别注意的是，煮木薯的汤和泡木薯的水中都含有大量的氢氰酸，不可饮用

绿意探秘
生态公益林的动植物奇遇

● **填一填：我观察到的有毒植物**

植物名称		
观察内容	生活型	
	叶型	
	有毒部位	
拓展内容	有毒植物在自然界中有什么作用？	
	你知道哪些常见的室内植物是有毒的吗？	
	在野外应怎样避免植物中毒？	

成效评估

● 课程评价

学生课堂表现自评表			
评价内容	评价等级		
我能认真听导师讲课、听同学发言			
遇到我会回答的问题,我都主动举手发言			
我能积极参与小组讨论、参与合作			
我善于思考,并能有条理地表达自己不同的看法			
我能以恰当的方式指出同学解答中的错误			
我得到了导师的表扬、同学的赞赏			
我在学习的过程中感受到快乐			
最欣赏哪位同学的表现呢?为什么?			
我还有与这节课相关的问题问导师			

绿意探秘
生态公益林的动植物奇遇

● 记录教学总结与反思

第十一课：
植物入侵者

课程背景

● **背景一：全球生态系统正面临着入侵植物的严峻挑战**

入侵植物日渐造成了严重的生态危机。入侵植物在全球范围内广泛分布，从温带到热带，从山区到平原，几乎无处不在。它们通过种子传播、风媒传播、水流传播等方式，不断向新的地区扩散。在某些地区，入侵植物已经成为优势物种，对当地的生物多样性、生态平衡和农业生产造成严重影响。尽管入侵植物问题严重，但公众对此的认知却普遍不高。由于缺乏相关知识，人们的日常活动可能会无意间加剧入侵植物的传播。因此，加强对公众的科普宣传教育，提高公众对入侵植物问题的认识与重视程度，尤为重要。

● **背景二：凤凰山自然保护区应对恶性入侵植物，强化生态监测，加强科普教育**

广东潮安凤凰山省级自然保护区拥有丰富多样的生物，但近年来保护区内的恶性入侵植物问题日益凸显，如鬼针草、假臭草、微甘菊和阔叶丰花草等，这些植物广泛分布于保护区的各个区域，甚至侵入茶园种植区，对保护区的生态系统稳定性构成严重威胁。为了应对这一严峻挑战，管理部门采取了一系列措施，加强对保护区内的生态监测，定期对各个区域进行巡查，以便及时发现和记录恶性入侵植物的分布情况。此外，管理部门还加大了对保护区生态环境的保护力度，严格控制人为活动对保护区的干扰，以降低入侵植物扩散的风险。为此，保护区专门设计了一门关于入侵植物的科普课程，以期通过科普教育提高公众对入侵植物的认识，从而深入了解和有效应对这些入侵植物，提升其环境保护意识，这对维护凤凰山生态平衡具有至关重要的意义。

教学对象及目标

- **教学对象**　● 初中至高中的学生。
- **觉知目标**　● 认识到入侵植物对本地生态系统的潜在威胁。
- **知识目标**　● 了解入侵植物的定义、来源及传播途径；
  ● 了解凤凰山保护区内常见的入侵植物种类及其危害；
  ● 了解防控入侵植物的基本方法和策略。
- **态度目标**　● 培养学生尊重自然、保护环境的意识。

教学工具

标本

绘画本

彩色笔

放大镜

课程准备

设计意图

- 了解哪些物种是入侵物种。同时，我们也要预防自己成为外来入侵物种有意或者无意的携带者。
- 了解外来物种成功入侵往往需要经过引进、入侵、建立和传播等几个主要阶段。
- 我们可以在各个阶段采取相应的保护措施。我们应当树立防范外来入侵物种、保护生物多样性的意识，不随意购买动植物、放生动物，努力成为生态文明的守护者。

课程内容

环节名称		环节概要	时长
环节一	入侵植物讲座	（1）入侵植物的基础知识； （2）入侵的途径与扩散机制； （3）对生态系统的影响； （4）防控策略与行动	30分钟
环节二	实践调查	前往保护区实地考察，观察并识别入侵植物，了解其生长环境和特征	60分钟
环节三	总结与分享	鼓励学生通过海报设计等方式，分享自己对入侵植物的认识和防控策略的理解	10分钟

时长：100分钟；场地：广东潮安凤凰山省级自然保护区课堂及户外。

绿意探秘
生态公益林的动植物奇遇

课程知识

● **外来入侵植物**

外来植物是指非本地自然生长，由人类活动或自然力量引入该地区的植物。这些植物可能是通过人类的种植活动而被带到该地区的，也可能是由于风的吹拂，种子被带到该地区后自行生长的。与本地植物（即乡土植物）相比，外来植物的种类、生长方式和生态特征可能存在显著的差异。然而，这些外来植物同样具备生长和繁殖的能力，有些甚至可以被用于药品或食品的制作等方面。

> **想一想：**
> （1）何谓入侵植物？
> （2）外来植物就是入侵植物吗？
> 是 □　　不是 □

而外来入侵植物则指那些在新的生态环境中能够繁殖并导致严重危害的植物种类，它们会破坏原有的生态平衡，对人类和其他动植物的健康产生严重影响。

判断入侵物种的标准：入侵物种是指那些通过自然或人为途径被引入其自然分布范围之外的地区，并且能够在当地的自然或人造生态系统中生存和繁殖，对当地的生物多样性、生态系统稳定性和功能造成负面影响的外来物种。

上面的问题你答对了吗？　　答对了 □　　答错了 □

● **外来入侵植物的危害——对生态环境的破坏**

破坏生物多样性	● 外来入侵植物可能会排挤本土植物，破坏原有的生态平衡，导致本土物种的减少甚至灭绝，从而破坏生物多样性。
破坏生态系统功能	● 外来入侵植物可能会改变土壤的性质、影响水循环等，破坏生态系统的功能，对环境产生负面影响。

| 威胁生态系统安全 | ● 外来入侵植物可能会成为病虫害的载体，加速本土物种的感染和疾病的传播，对生态系统安全构成威胁。 |

● **外来入侵植物的危害——对农业生产的危害**

农作物减产	● 外来入侵植物可能会与农作物竞争养分、水分等资源，导致农作物减产。
增加农业成本	● 为了防治外来入侵植物，人们需要投入更多的人力、物力和财力，从而增加了农业生产的成本。
破坏农田结构	● 外来入侵植物可能会改变土壤性质，破坏农田结构，影响农作物的生长和收成。

● **外来入侵植物的危害——对人类健康的威胁**

引发过敏反应	● 一些外来入侵植物可能会产生花粉、种子等过敏源，引发过敏反应，如哮喘、鼻炎等。
威胁公共卫生	● 外来入侵植物可能会成为病虫害的载体，传播疾病，威胁公共卫生。
威胁食品安全	● 一些外来入侵植物可能会污染农作物和水源，对食品安全构成威胁。

● **外来入侵植物的传播途径——自然传播**

| 风传播 | ● 一些轻盈的植物种子或者繁殖体可以通过风力传播到其他地区，并在新的环境中繁殖生长。 |
| 雨水传播 | ● 雨水可以携带植物繁殖体或者种子，使它们传播到其他地方并在那里繁殖生长。 |

| 昆虫传播 | ● 一些昆虫会从一种植物迁移到另一种植物，从而将植物的种子或者繁殖体从一个地方传播到另一个地方。 |

● 外来入侵植物的传播途径——人为传播

人类活动	● 人们在生活和工作中经常会有意或无意地将一些植物带入新的地区，如旅游、贸易等。
物流	● 物流尤其是国际物流过程，常常会携带源自不同地域的植物种子或者繁殖体，从而将它们传播到新的地区。
农业和水产养殖	● 农民和水产养殖者常常会引入新的植物品种或物种来提高产量或改善品质，但有时也会导致外来植物的传播和繁殖。

● 外来入侵植物的防治措施

物理防治	● 物理防治措施是控制外来入侵植物的重要手段之一。例如，采用割除、挖掘等方式，将外来入侵植物从土壤中彻底清除，以防止其再次生长。此外，还可以通过修建隔离带、设置屏障等措施，阻止外来入侵植物的扩散。
化学防治	● 化学防治技术是常用的外来入侵植物防治手段之一。例如，使用除草剂对外来入侵植物进行喷洒，通过药物的作用杀灭其细胞组织，从而达到控制植物数量的目的。但需要注意的是，化学防治药剂应严格按照规定的剂量和方法使用，以避免对环境和其他植物造成不良影响。
生物防治	● 生物防治方法是利用天敌、病原体等生物因素对外来入侵植物进行控制。例如，利用病原体感染外来入侵植物，从而抑制其生长和繁殖。这种方法具有针对性强、环境友好等优点，但需要预先进行充分的科学评估和风险评估。

第三章
植物奥秘：公益林研究

其他应对措施	● 加强对外来入侵植物的监测和研究，深入了解其传播途径、生态适应性和危害程度。 ● 探索和创新外来入侵植物的防治技术及手段，提高防治效果和效率。 ● 制定更加科学、合理、有效的外来入侵植物防治政策和管理措施，加强国际合作和交流，以共同应对外来入侵植物的威胁和挑战。 ● 加强教育和宣传，提高公众对外来入侵植物的认知，促进社会共同参与外来入侵植物的防治工作。

● **常见的入侵植物**

入侵植物	植物简介
	凤眼莲（雨久花科梭鱼草属）： 多年生浮水草本。叶柄基部带膨大呈葫芦状的气囊。蒴果卵形。作为猪饲料引种栽培，以营养繁殖为主，通过匍匐枝与母株分离的方式快速扩散
	空心莲子草（苋科莲子草属）： 多年生水陆两栖草本。节处生根，常不结实。有意引入，20世纪50年代作为猪饲料推广栽培，以茎节行营养繁殖，可迅速在异地着土生根，为恶性入侵植物
	土人参（马齿苋科土人参属）： 一年生或多年生草本。全株无毛，茎基部近木质，圆锥花序常二叉状分枝。蒴果近球形，3瓣裂。作为药用植物引种栽培，以种子繁殖
	光荚含羞草（豆科含羞草属）： 落叶灌木或小乔木。茎圆柱形，枝上部无刺，下部疏生弯刺，单花雄蕊8枚，荚果成熟时荚节脱落而残留荚缘。有意引入，以种子繁殖

135

续表

入侵植物	植物简介
	鬼针草（菊科鬼针草属）：一年生草本。舌状花白色至无舌状花，瘦果条形。原白花鬼针草已作为鬼针草的异名而归并于鬼针草，野外观察发现其舌状花的有无及大小是一个过渡性状。无意引入，以种子繁殖
	南美蟛蜞菊（菊科蟛蜞菊属）：多年生草本。茎平卧，节上生根。头状花序具长梗，瘦果棍棒状。作为地被植物引种栽培，以种子繁殖或营养繁殖。被国际自然保护联盟（IUCN）列为"全球100种最具威胁的外来物种"之一
	微甘菊（菊科假泽兰属）：多年生草质或木质藤本。茎中部叶三角状卵形至卵形，上部叶渐小。头状花序含小花4朵。无意引入，种子或营养繁殖。被IUCN列为"全球100种最具威胁的外来物种"之一
	假臭草（菊科假臭草属）：一年生草本。茎绿色，全株被长柔毛。叶基部圆楔形，具三出脉。头状花序总苞钟形。无意引入，以种子繁殖
	阔叶丰花草（茜草科丰花草属）：多年生披散草本。茎四棱柱形，叶椭圆形，花数朵丛生于托叶鞘内，无梗。广东等地作为军马饲料引入，以种子繁殖
	五爪金龙（旋花科番薯属）：多年生草质缠绕藤本。具块状根，叶掌状全裂，叶柄基部具5裂的假托叶。萼片外面无毛，具小疣状突起。作为观赏植物引种栽培，以种子繁殖

续表

入侵植物	植物简介
	马缨丹（马鞭草科马缨丹属）： 常绿直立或蔓性灌木，茎枝常有短的倒钩状刺。叶揉碎后有强烈气味。花冠黄色，渐转为深红色。全株有毒。作为观赏植物引入，以种子繁殖
	大薸（天南星科大薸属）： 水生漂浮草本，具块茎。须根羽状，密集，叶密被毛，叶脉扇状伸展。雌雄同株，佛焰苞小，外被绒毛。有意引入，以无性繁殖为主
	秋英（菊科秋英属）： 一年生草本。叶2或3回羽状全裂，裂片线形。舌状花色彩丰富；瘦果无毛，上端具长喙。作为观赏植物引种栽培，以种子繁殖
	飞机草（菊科飞机草属）： 多年生粗壮草本，茎绿色。头状花序圆柱状，瘦果被稀疏短柔毛。全株有毒。作为香料植物引入泰国栽培，后经自然传播到我国，以种子和横走茎繁殖
	水茄（茄科茄属）： 常绿灌木，植株被星状毛，小枝、叶脉上有淡黄色皮刺。花梗及花萼外具腺毛；浆果成熟后黄色。无意引入，以种子繁殖
	蓖麻（大戟科蓖麻属）： 一年生（北方）或多年生（南方）直立草本，高可达5米，小枝、叶和花序通常被白霜。花单性同株，果实两型。种子有剧毒。作为药用植物引入，以种子繁殖

续表

入侵植物	植物简介
	垂序商陆（商陆科商陆属）： 多年生草本，茎有时呈紫红色。总状花序纤细，花稀疏，花被片5，雄蕊、心皮及花柱通常均为10。根及浆果对人畜有毒。作为药用植物有意引入，种子常被食果动物特别是鸟类散布
	紫茉莉（紫茉莉科紫茉莉属）： 一年生草本，茎节膨大。花常数朵簇生枝端，色彩多样，总苞钟形，果时宿存。瘦果球形，表面具皱纹。根及种子有毒。作为观赏花卉引种栽培，以种子繁殖
	青葙（苋科青葙属）： 一年生草本，全株无毛。穗状花序塔状或圆柱状，胞果盖裂，花柱果期伸长。可能随贸易运输等活动夹带而来，也有可能是作为药用或观赏植物而引进，以种子繁殖
	红毛草（禾本科糖蜜草属）： 多年生草本。根茎粗壮，秆节间常具疣毛。圆锥花序开展，分枝纤细，小穗柄弯曲，小穗被粉红色绢毛。作为观赏植物和牧草有意引入，以种子繁殖

第三章 植物奥秘：公益林研究

● **填一填：我观察到的入侵植物**

植物名称		
观察内容	生活型	
	叶型	
	危害程度	
拓展内容	为什么有些植物会成为入侵植物？	
	在本次活动中，你认识了多少种入侵植物呢？	
	我们可以做什么来减少入侵植物对环境的影响？	

139

成效评估

● 课程评价

学生课堂表现自评表			
评价内容	评价等级		
我能认真听导师讲课、听同学发言			
遇到我会回答的问题,我都主动举手发言			
我能积极参与小组讨论、参与合作			
我善于思考,并能有条理地表达自己不同的看法			
我能以恰当的方式指出同学解答中的错误			
我得到了导师的表扬、同学的赞赏			
我在学习的过程中感受到快乐			
最欣赏哪位同学的表现呢?为什么?			
我还有与这节课相关的问题问导师			

第三章
植物奥秘：公益林研究

● 记录教学总结与反思

第十二课：植物营养器官的变态

课程背景

● **识别植物"变身术"，解锁植物奥秘**

植物作为生态系统中不可或缺的一部分，对维持生态平衡和生物多样性起着至关重要的作用。植物世界丰富多彩，形态各异，每一种植物都有其独特的生命力和美感。学习识别植物，可以拓宽我们的视野，增加对自然世界的认识和了解，提升自身的文化素养和审美能力。但在五彩斑斓的植物王国中，我们有时就像迷路的游客，不清楚眼前所见究竟是植物的哪一部分。比如，不少初涉此道的朋友常常误认为蕨类植物的根状茎是根，将台湾相思的叶状柄当作叶片，甚至将玉叶金花那与众不同的花萼误认作花瓣。这就如同走进了一个神秘的迷宫，每拐一个弯都有新的发现。

对于初学者来说，植物营养器官的这种"变身术"无疑增加了识别植物的难度。为此，广东潮安凤凰山省级自然保护区充分利用区内丰富的自然资源，开设了"植物营养器官的变态"科普课程。该课程旨在深入解析植物营养器官如何通过"变身术"适应环境，探索植物世界的奇妙奥秘。通过参与该课程，公众可以更准确地识别植物，并更深入地理解植物的生存策略和繁殖方式。这对提升公众对植物的认识和理解，具有重要的意义。

第三章
植物奥秘：公益林研究

教学对象及目标

教学对象
- 初中至高中的学生。

觉知目标
- 认识植物"变身术"的奥妙；
- 认识植物营养器官的变态并非病态表现。

知识目标
- 了解植物营养器官（根、茎、叶）的变态类型；
- 了解植物营养器官变态与其所处环境适应性的关系；
- 对于植物的结构，有准确的认知和辨识能力。

态度目标
- 在面对无法改变的环境时，我们可以借鉴植物的智慧，积极调整自我，以更好地适应环境并实现生存发展。

行为目标
- 鼓励学生将所学知识分享给家人和朋友，扩大科普影响力。

教学工具

蔬果

笔记本

铅笔

放大镜

143

绿意探秘
生态公益林的动植物奇遇

课程准备

设计意图
- 学生在课前预习，教师制作多媒体课件、设计教学流程、准备实物材料。通过对植物营养器官与其所处环境适应性的分析，对学生进行对应的哲学观点教育，让学生学会适应环境，并通过与生活实际相结合，来培养学生的团队精神。

课程内容

环节名称		环节概要	时长
环节一	知识讲座	介绍植物营养器官的变态类型及与其所处环境适应性的关系	30分钟
环节二	实践调查	前往保护区实地考察，观察并识别植物根、茎、叶所表现出的变态现象	50分钟
环节三	总结与分享	请学生描述最感兴趣和印象最深刻的植物变态器官	10分钟

时长：90分钟；场地：广东潮安凤凰山省级自然保护区课堂及户外。

课程知识

● 何谓"变态"

在这个充满活力和色彩斑斓的植物王国里，每一株植物都以自己独特的方式来适应不同的环境。它们就像大自然的魔术师，用自己

> **想一想：**
> （1）在生活中，哪些植物营养器官是属于变态的类型呢？
> （2）马铃薯和番薯属于根还是茎？

的方式来演绎生命的顽强和多彩。

植物的营养器官，如根、茎、叶，在多数情况下都具备与自身功能相适应的形态和结构。然而，在自然界中，由于环境的变化，植物器官可能会为了适应某种特殊环境而改变其原有的功能，同时也会改变其形态和结构。经过长期的自然选择，这种改变会成为该种植物的某种特征。这种由于功能的改变而引起的植物器官的一般形态和结构上的变化被称为变态（metamorphosis）。这种变态与病理的或偶然的变化有所不同，它是健康的、正常的遗传变化。

马铃薯（土豆）

番薯

● **根的变态**

根是植物为适应陆上生活而在进化中逐渐形成的器官，它具有吸收、固着、输导、合成、储藏和繁殖等功能。

根的变态有三种主要类型，分别是贮藏根、气生根和寄生根。每一种类型都有其独有的特征和功能，充分展示了植物的奇妙与多样性。

贮藏根：具有储存养料的功能，形态肥厚且多汁，呈多样性，通常出现在二年生或多年生的草本双子叶植物中。贮藏根是越冬植物的一种适应性表现，其所储存的养料可供植物未来生长发育所需，使植物能够抽出枝条并开花结果。根据来源不同，贮藏根可分为肉质直根和块根两大类别。

肉质直根：主要由主根发育而来，每株仅有一个肉质直根，并且包括下胚轴和极短的节间茎，如萝卜和胡萝卜。

胡萝卜的肉质直根，大部分是由次生韧皮部组成，在其次生韧皮部中，薄壁组织非常发达且占主要部分，贮藏大量营养物质，而次生木质部形成较少，其中大部分为木薄壁细胞，分化的导管较少，构成通常所谓"芯"的部分。萝卜的肉质直根却和胡萝卜相反，它的次生木质部发达，其导管很少，

萝卜　　　　　胡萝卜　　　　萝卜横切面　　　　胡萝卜横切面

无纤维，薄壁组织占主要部分，贮藏大量营养物质，而次生韧皮部形成的很少。

块根：与肉质直根不同，块根主要由不定根或侧根发育而来。因此，一株植物可以形成多个块根。另外，块根完全由根的部分构成，而不含下胚轴和茎的部分，如番薯、木薯、大丽花的块根等。

番薯　　　　　　　　木薯　　　　　　　　大丽花

气生根：指生长在地面以上空气中的根系，主要包括支柱根、攀缘根和呼吸根三种类型。

支柱根：接近地面茎节上的不定根不断延长形成的辅助根系称为支柱根。这些根的先端伸入土壤中，并继续产生侧根，能够增强植物

玉米支柱根　　　　榕树"一树成林"现象

整体的支撑力量。例如，玉米茎节上的不定根就是一种典型的支柱根。

榕树在枝条上产生大量下垂的气生根，这些气生根在生长过程中逐渐进入土壤，经过次生生长，形成木质支柱根。这种现象在热带和亚热带地区尤为明显，形成了"一树成林"的壮观景象。

攀缘根：有些植物，如常春藤，由于其茎干细长且柔弱，无法维持直立状态，就会在茎干上生长出不定根，以便附着在其他树干、山石或墙壁等表面，攀缘上升，这种根称为攀缘根。

爬山虎利用其独特的攀缘根附着在墙壁上

呼吸根：红树、木榄等植物在海岸腐泥中生长，其根系具有特殊的结构。这些植物通过支柱根从腐泥中向上生长，并暴露在泥外空气中。这些支柱根起到了呼吸的作用，有助于植物在缺氧的条件下获取氧气。

无瓣海桑的呼吸根

寄生根：寄生植物，如菟丝子，以茎部紧密地回旋缠绕在宿主茎上，叶退化，营养全部依靠宿主供给。同时，寄生根以突起状的根伸入宿主茎的组织内，与宿主的维管组织相通，从而吸取宿主体内的养料和水分。这种根被定义为寄生根。

无根藤的寄生根

● 茎的变态

茎是根和叶之间的轴状结构，负责输送水分、无机盐和有机养料。除了少数生长在地下，茎通常是植物体生长在地上的营养器官。

茎的变态可以分为地上茎和地下茎两种类型。

地上茎由于和叶有密切的关系，因此，有时也被称为地上枝，它的变态主要有：茎刺、茎卷须、叶状茎、小鳞茎、小块茎。

葡萄茎卷须　　　　　　　南瓜茎卷须

茎刺：茎转变为刺，称为茎刺或枝刺，如山楂、皂荚。茎刺有时分枝生叶，它的位置常在叶腋，这些都与叶刺有区别。

叶状茎：茎转变成叶状，扁平，呈绿色，能进行光合作用，称为叶状茎或叶状枝。如竹节蓼，其叶状枝显著，叶小或全缺。

竹节蓼　　　　　　　　　假叶树

小鳞茎：在蒜的花之间，经常会长出小型球状体，它具有肥厚的小鳞片，被称为小鳞茎，也被称为珠芽。当小鳞茎成熟并脱落时，在适当的条件下，它可以发育成为一株新的植株。

蒜花间的小鳞茎（珠芽）　　百合地上枝叶腋内的小鳞茎

小块茎： 一种类似块茎的器官，但体积较小，生长于山药、秋海棠等植物的腋芽处，由肉质小球组成，不同于块茎的是其上并无鳞片覆盖。

薯蓣（山药）

落葵薯

茎通常生长在地面上，而生长在地下的茎与根部结构相似。然而，由于地下茎仍具有茎的典型特征（包括叶子、节点和节间，叶子通常退化成鳞片，脱落后留下叶痕，叶腋内通常有腋芽），因此可以与根部进行区分。常见的地下茎包括以下四种类型。

根状茎： 也称为根茎，是一种横卧于地下的变态茎，外形较长，通常呈现类似根的形态。竹、莲以及许多杂草都具有根状茎。

姜　　　　莲藕

块茎： 一种短而肥厚的地下茎，其中最常见的是马铃薯。马铃薯的块茎是由根状茎先端膨大，积累养料所形成的。块茎表面有许多凹陷的部分称为芽眼，幼时具有退化的鳞叶，之后会脱落。

马铃薯

鳞茎： 由许多肥厚的肉质鳞叶包围的扁平或圆盘状的地下茎，称

洋葱　　　　百合

为鳞茎。常见的鳞茎如百合、洋葱、蒜等。

球茎： 是一种呈球状的地下茎，如荸荠和芋等。这种地下茎具有明显的节和节间，节上

荸荠

芋

覆盖着褐色的膜状物，通常被称为鳞叶，这些鳞叶是退化变形的叶子。球茎还具有顶芽，而荸荠则有较多的侧芽，这些侧芽会簇生在顶芽的四周。

● 叶的变态

叶的变态是指叶子在生长过程中，形态、结构、功能发生变化，形成与正常叶子不同的形态。叶的变态主要有苞片（总苞）、鳞叶、叶卷须、捕虫叶、叶状柄和叶刺。

苞片（总苞）： 指位于花下方的变形叶，它们通常被视为保护花芽或果实的结构。苞片通常较小，大部分呈绿色，也有大型且呈各种颜色的苞片。当苞片数多且聚集在花序外围时，它们被称为总苞。总的来说，苞片（总苞）的主要功能是保护花芽或果实。

鱼腥草

花烛

鳞叶： 叶的功能特化或退化成鳞片状，存在两种情况。一种为木本植物的鳞芽外鳞叶，常呈褐色，具有茸毛或黏液，起到保护芽的作用，因此也被称为芽鳞。另一种为地下茎上的鳞叶，分为肉质和膜质两类。肉质鳞叶出现

在鳞茎上，鳞叶肥厚多汁，含有丰富的贮藏养料，如洋葱。而膜质鳞叶如球茎、根茎上的鳞叶，呈现褐色干膜状，是退化的叶。

叶卷须：是指叶片部分转变形成的卷须状结构，常见于豌豆的羽状复叶和菝葜的托叶。它们具有攀缘作用，有助于植物在生长过程中攀附其他物体向上生长。

黄葛树鳞芽上的鳞叶

豌豆

菝葜的叶卷须

捕虫叶：某些植物具有能够捕食小虫的变态叶，这种叶子被称为捕虫叶。拥有捕虫叶的植物被定义为食虫植物或肉食植物。食虫植物通常含有叶绿体，能够进行光合作用。即使在没有获得动物性食料的情况下，它们仍然能够生存。然而，当提供适当的动物性食料时，食虫植物能够结出更多的果实和种子。

猪笼草捕虫叶呈瓶状

狸藻的捕虫叶呈囊状

茅膏菜的捕虫叶呈盘状

叶状柄：是指某些植物的叶片不发达，叶柄则演变为扁平的片状结构，并具备了叶子的功能。这种叶状柄可以作为植物叶片的一部分，代替叶子进行光合作用和蒸腾作用等重要生命活动。例如，马占相思在幼苗阶段长出几片正常的羽状复叶，然而，一旦生长，其小叶就会完全退化，仅存叶状柄。

马占相思幼苗期的羽状复叶

马占相思羽状复叶完全退化仅存叶状柄

叶刺：由叶或叶的部分（如托叶）形成的刺状结构。这种结构位于叶腋（即叶子的基部）中，其中包含着芽。随着时间的推移，这些芽会逐渐发育成为短枝，而这些短枝上则生长着正常的叶。

黄芦木长枝上的叶变成刺

刺槐的托叶变成刺

从来源和功能出发，上述关于植物营养器官的变态可以分为同源器官和同功器官。这两种类型都是植物在长期适应环境过程中所形成的。当同类器官在长期执行不同的生理功能以适应不同的外部环境时，它们的功能和形态都会发生改变，形成同源器官。例如，叶刺、鳞叶、捕虫叶和叶卷须等都是叶的变态。当相异的器官在长期执行相似的生理功能以适应某一外部环境时，它们的功能和形态都会趋同，形成同功器官。综上所述，茎卷须和叶茎刺是茎的变态，叶卷须和叶刺是叶的变态。

第三章
植物奥秘：公益林研究

● **填一填：我观察到的植物变态器官**

植物名称		
观察内容	生活型	
	叶型	
	变态部位	
拓展内容	块根和块茎有什么区别？请举例说明	
	鸡屎藤可以通过茎缠绕他物而上升，请问鸡屎藤的茎属于变态器官吗？	
	无花果是不是植物营养器官变态的一种？	

153

绿意探秘
生态公益林的动植物奇遇

成效评估

● 课程评价

学生课堂表现自评表			
评价内容	评价等级		
我能认真听导师讲课、听同学发言			
遇到我会回答的问题，我都主动举手发言			
我能积极参与小组讨论、参与合作			
我善于思考，并能有条理地表达自己不同的看法			
我能以恰当的方式指出同学解答中的错误			
我得到了导师的表扬、同学的赞赏			
我在学习的过程中感受到快乐			
最欣赏哪位同学的表现呢？为什么？			
我还有与这节课相关的问题问导师			

第三章
植物奥秘：公益林研究

● 记录教学总结与反思

第四章
守护行动：公益林保护

- 保护珍稀植物家园
- 森林防火

第十三课：
保护珍稀植物家园

课程背景

● **野生植物是宝贵的自然资源和战略资源**

公益林，作为生态环境的重要组成部分，在保护生物多样性、维持生态平衡、发展生物产业、满足人类物质文化需求等多个方面发挥着重要作用。随着科技的进步，潜在的基因价值为人类的未来带来无限可能。反之，如果物种基因还未开发就永远失去，这种损失无法估量。"保护野生植物，守护遗传多样性，就是保护我们更加美好的明天。"

作为自然生态系统的重要组成部分，野生植物的物种变化还可能引发其生存网络的连锁反应，导致一系列物种灭绝甚至生态系统的不稳定，引发生态灾害。有研究表明，一种植物往往伴生着10~30种生物物种。一旦一种植物灭绝了，10~30种生物都会受到牵连和影响。

也正因此，多年来我国持续加强野生植物保护，1999年发布《国家重点保护野生植物名录（第一批）》，对200多种我国天然生长的珍贵植物和具有重要经济、科学研究、文化价值的珍稀濒危植物进行保护。

"绿水青山就是金山银山。"建设生态公益林，可以让负有生态环境修复义务的当事人进行补植复绿，修复受损的生态环境，在达到恢复生态环境、保持植被总体平衡的生态效果的同时，助力打击破坏生态环境的违法行为，向社会传递遵守法律法规、保护生态环境的良好意识。

第四章
守护行动：公益林保护

教学对象及目标

教学对象
- 小学至高中的学生。

觉知目标
- 通过观察与讨论，认识一些珍稀植物；
- 通过画画、手工、游戏等环节，加深对自然的保护意识。

知识目标
- 了解什么是珍稀植物；
- 了解我国一些珍稀植物的形态特征；
- 了解我国珍稀植物濒危的原因；
- 学会保护珍稀植物、爱护环境。

态度目标
- 通过观察、讨论等形式，认识一些我国特有的珍稀植物，了解珍稀植物面临灭绝的危险；
- 通过小组讨论等方式，自主学习、掌握珍稀植物知识，能够从材料中提取有用的信息并运用于实践中；
- 认识到保护珍稀植物的意义，树立爱护环境的意识。

教学工具

植物卡片

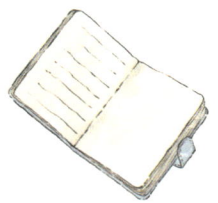
绘画本

彩色笔

教学卡片

159

绿意探秘
生态公益林的动植物奇遇

课程准备

设计意图
- 本课程旨在营造健康的、自然的、生态的文化氛围，以自然资源与传统文化为主要载体设计相应的课程，让学生在轻松、自然的状态下健康地学习和成长。

课程内容

环节名称		环节概要	时长
环节一	问题导入	哪些植物数量稀少？	10分钟
环节二	看看、讲讲	通过展示珍稀植物的图片教具，初步认识珍稀植物	20分钟
环节三	画画、说说	通过视频资料与动手绘画深入了解珍稀植物所处的环境	10分钟
环节四	赛赛、比比	通过趣味游戏巩固有关珍稀植物的知识要点，通过开展分组竞赛增加趣味性、挑战性	30分钟
环节五	学学、演演	激发学生的学习热情与感知能力	10分钟
环节六	课外拓展	通过讲述珍稀植物面临灭绝的故事，倡导学生保护珍稀植物，爱护环境	10分钟

时长：90分钟；场地：广东潮安凤凰山省级自然保护区课室。

课程知识

● 什么是珍稀植物

珍稀植物，是指在经济、科学、教育和文化等方面具有重要价值而现存数量稀少的野生植物物种。它

> **想一想：**
> 什么是珍稀植物？

第四章
守护行动：公益林保护

们是自然保护的重点对象。

如果不重视和保护我国现存的珍稀濒危植物，将严重影响生态平衡并阻碍可持续发展。

● **珍稀植物的现状**

多年以来，许多珍贵植物的数量在迅速减少，成为稀有种，有的甚至已经灭绝。据统计，世界上大约有20000～25000种高等植物已濒临灭绝，占高等植物种类总数的10%左右。在自然资源遭到严重破坏的情况下，国际自然和自然资源保护联合会、联合国环境规划署和世界野生生物基金会联合公布了《世界自然资源保护大纲》，呼吁各国政府和人民对自然环境和自然资源的保护给予应有的重视并采取有效的措施。

● **珍稀植物稀有的原因**

当前大量植物灭绝或者处于濒临灭绝的境地，一方面是由于它们不能适应环境的变化，在生存竞争中被自然淘汰，另一方面主要是由于人类活动的侵害。例如，大面积的森林采伐和毁林开荒，草地的过度放牧和垦殖，工业化和城市化的发展，资源植物的过度采收利用，以及旅游的影响等，常常给植物带来毁灭性的威胁。病虫害的蔓延、灾难性的环境变化和缺少传粉媒介等，也是引起某些植物濒危的重要原因。

植物灭绝的原因是复杂的，其还与不同植物具有不同的生态学和群落学特征、对环境的适应性及抵抗外来影响的能力有密切的关系。

● **我国的珍稀植物**

我国是世界上少数几个生物多样性特别丰富的国家之一，在全球生物多样性保护中具有特殊的地位。我国有高等植物30000余种（其中50%为我国特

绿意探秘
生态公益林的动植物奇遇

有种)、银杉、珙桐、百山祖冷杉、华盖木等均为我国特有的珍稀濒危野生植物。这些珍稀植物，是我国的宝贵财富，我们都有责任保护。

● 我国十大珍稀植物

珍稀植物	植物简介
水杉	水杉是一种落叶乔木，高达35米，是世界上珍稀的孑遗植物，有着"活化石"之称，具有很高的观赏价值和经济价值。水杉适应性强，喜湿润，生长快，我国南方地区大多有分布
珙桐	珙桐是世界著名的观赏植物，也是我国国家一级重点保护野生植物。珙桐的花形很像展翅飞翔的白鸽，因此也被称为"中国鸽子树"，象征着和平。珙桐喜欢生长在潮湿的地方，野生种群只分布在四川和湖北部分地区
金花茶	金花茶属于山茶科，是我国国家一级保护植物。金花茶的花呈金黄色，耀眼夺目，娇艳多姿。这种颜色的花种非常罕见，故金花茶也被誉为"植物界大熊猫"和"茶族皇后"，野生种群分布在广西
台湾杉	台湾杉是我国国家二级保护植物，是台湾特有树种，主要分布于台湾中部1500～2500米高的山区。台湾杉非常稀有，目前濒临绝种。它最高可以长到90米，是亚洲最高的物种之一
银杏	银杏也叫白果，属落叶大乔木，树形优美，具有很高的观赏性，其种子具有很高的药用价值，如抗过敏、延缓衰老、增强记忆力等。银杏在我国南北多地都有人工种植，但仅浙江天目山有野生种群
望天树	望天树又叫擎天树，大乔木，树体非常高大，可达40～60米。望天树是只在我国云南生长的特产珍稀树种，主要分布于云南西双版纳的热带森林地区，对研究我国热带植物具有非常重要的意义

续表

珍稀植物	植物简介
桫椤	桫椤别名蛇木，是现存的唯一一种木本蕨类植物。它是我国国家二级保护植物，属于濒危植物，有"活化石"之称。桫椤是一种能长成大树的蕨类植物，又称树蕨，生于林下或溪边阴地，分布于我国西藏、贵州，在东南亚也有分布
金钱松	金钱松是著名的古老残遗植物，喜欢生长在温暖多雨、土壤肥沃的地区，树姿优美，极具观赏性，树皮具有很高的药用价值。气候变迁等因素导致各地的金钱松相继在野外消失，目前只在我国长江中下游少数地区幸存下来，零散分布
银杉	银杉是我国特有的稀有物种，是非常古老的残遗植物，具有非常重要的科研价值，被列为我国国家一级保护植物，分布于广西、湖南、重庆、湖北、贵州等地
鹅掌楸	鹅掌楸属落叶大乔木，冠形端正，叶形奇特，花如金盏，古雅别致，是世界稀有树种之一，生于海拔900～1000米的山地林中，星散分布于我国长江流域以南的亚热带中、低山地

● **珍稀植物的作用**

每种珍稀植物都有它的作用，珍稀植物中的"活化石"植物，对研究植物的进化和探讨自然历史具有重要的意义。如果珍稀植物灭绝了，它对生物圈的作用也就消失了，生物圈原来的稳定和平衡也就被破坏了。

生物圈内所有生物都是相互依存、相互依赖的，若植物和动物难以生存，就会直接影响到人类的生存。因此，生物圈内的物种越少，生物圈的稳定性也就越差，进而也会影响到人类和其他生物的生存。

绿意探种
生态公益林的动植物奇遇

● 珍稀植物保护名录和自然保护区

1984年，国务院环保委员会在《中国环境报》上公布了我国第一批珍稀濒危保护植物名录，此后又在此基础上进行了调整和补充，于1987年在各地新华书店发行。名录中所列植物共有389种，被划为濒危（即临危）类别的有121种，稀有类别的有110种，渐危（受威胁）类别的有158种。

2021年9月7日，经国务院批准，国家林业和草原局、农业农村部正式向社会公布《国家重点保护野生植物名录》。调整后的名录包括国家一级保护野生植物54种和4类，国家二级保护野生植物401种和36类。

同时，为了保护自然资源，特别是保护珍贵稀有的动植物资源和具有代表性的自然环境，国家划出一定的区域加以保护，这样的区域就叫自然保护区。

● 对珍稀植物的保护措施

对珍贵稀有植物的保护应采取下列措施。

（1）深入开展植物区系和植被的研究，编制濒危的珍贵稀有植物名录，研究其分布区、生物生态学、种群和群落学特性及其生境特点。在此基础上，查明导致其濒危的原因，并制定相应的保护和管理措施。

（2）在不同自然地带各生物地理省范围内，根据基因库的要求，建立自然保护区。对一些珍贵稀有植物，可在其分布比较集中的区域，建立相应的自然保护区。必要时，应采取措施，促进其天然更新，或用人工更新的方法，恢复其自然生长。

（3）对植物园和苗圃引种栽培所在区域范围内的珍贵稀有植物开展试验生物生态学、遗传生态学及引种栽培方法的研究，普及它们的作用和意义。对一些比较重要的濒临灭绝的珍贵稀有植物，在原产地重新种植，以恢复其天然分布，促使其自然繁衍。

（4）对经济价值高、需求量大的珍贵稀有植物，建立栽培基地。

（5）拍摄有关珍贵稀有植物的电影，制作和出版有关珍贵稀有植物的宣传画片和画册,发动广大群众关注与爱护,让保护珍贵稀有植物的艰巨任务建立在更广泛的群众基础上。

● 凤凰山自然保护区的珍稀野生植物

国家一级重点保护植物

南方红豆杉

紫纹兜兰

广东省重点保护野生植物

巴戟天

国家二级重点保护植物

蛇足石杉

华南石杉

福建莲座蕨

绿意探秘
生态公益林的动植物奇遇

罗汉松　　　桫椤　　　金毛狗

苏铁蕨　　　软荚红豆　　　土沉香

穗花杉　　　百日青　　　厚荚红豆

红椿　　　建兰　　　水蕨

广东石斛

守护行动：公益林保护

成效评估

● 课程评价

学生课堂表现自评表			
评价内容	评价等级		
我能认真听导师讲课、听同学发言			
遇到我会回答的问题，我都主动举手发言			
我能积极参与小组讨论、参与合作			
我善于思考，并能有条理地表达自己不同的看法			
我能以恰当的方式指出同学解答中的错误			
我得到了导师的表扬、同学的赞赏			
我在学习的过程中感受到快乐			
最欣赏哪位同学的表现呢？为什么？			
我还有与这节课相关的问题问导师			

绿意探秘
生态公益林的动植物奇遇

● 记录教学总结与反思

第十四课：森林防火

课程背景

● 森林防火——守护绿色家园的必修课

广东潮安凤凰山省级自然保护区占地面积广阔，拥有丰富的生物多样性和独特的生态环境。作为省级自然保护区，凤凰山承载着保护自然生态的重要使命，是开展环境教育和科普宣传的重要基地。然而，随着全球气候变暖和人为活动的增加，森林防火形势日益严峻，对保护区的生态安全构成严重威胁。

为了增强公众森林防火的意识，加深公众对森林防火的认识，增强保护区的防火能力，加强森林管护、森林防火、有害生物防治等方面现代化基础设施和装备建设，加大对天然林保护、公益林建设和后备资源培育的支持力度，广东潮安凤凰山省级自然保护区管理处决定开展以森林防火为主题的科普教育课程。本课程旨在通过系统的知识讲解、案例分析、实践操作等方式，使参与者全面了解森林防火的重要性、基本原理和方法措施，掌握火灾预防和应急处置的基本技能，共同守护好这片美丽的绿色家园。

课程将紧密结合凤凰山的自然环境和保护区的实际情况，通过实地考察、模拟演练等形式，使参与者亲身感受森林防火的紧迫性和挑战性。同时，课程还将注重培养参与者的环保意识和责任感，引导参与者从自身做起，积极参与森林防火工作，共同维护生态安全和社会和谐稳定。

通过本课程的学习和实践，参与者不仅能够加深对森林防火的理解和认识，更能够在今后的生活和工作中，发挥积极的作用，为森林防火事业贡献自己的力量。

教学对象及目标

教学对象
- 小学至高中的学生。

觉知目标
- 认识广东潮安凤凰山省级自然保护区的生态价值和森林防火的重要性；
- 增强学生对森林火灾危害的警觉性，认识到个人在森林防火中的责任和角色。

知识目标
- 掌握森林防火的基本原理和相关知识，包括火灾成因及森林火灾的防控措施；
- 学习火灾预防和应急处置的基本技能，包括火场安全知识、火灾报警和初期火灾扑救方法。

态度目标
- 激发学生对自然环境和森林生态的热爱之情，形成积极的环保态度。

行为目标
- 学会使用灭火器。

第四章
守护行动：公益林保护

教学工具

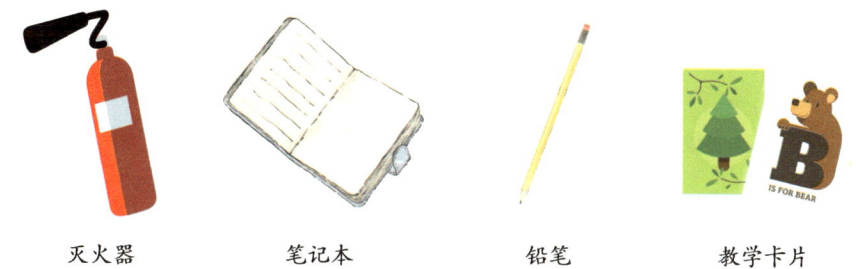

灭火器　　　笔记本　　　铅笔　　　教学卡片

课程准备

内容设计
- 了解学生对森林火灾的一般理解；
- 归纳森林火灾的一般特征，学习防范森林火灾的相关知识；
- 尝试根据学校、家庭的环境，设计森林防火措施。

课程内容

环节名称		环节概要	时长
环节一	知识讲座	关于森林火灾预防与控制的深入解析	40分钟
环节二	案例学习	观看与森林火灾相关的视频资料	30分钟
环节三	实践操作	学习灭火器的正确使用方法	40分钟
环节四	总结与分享	谈一谈自己在本次课程中的最大收获	10分钟

时长：120分钟；场地：广东潮安凤凰山省级自然保护区课堂。

绿意探秘
生态公益林的动植物奇遇

课程知识

● **森林火灾的危害**

| 烧毁林木 | ● 森林一旦遭受火灾，最直观的危害是烧伤或烧死林木。一方面使森林蓄积下降，另一方面也使森林生长受到严重影响。森林是生长周期较长的再生资源，遭受火灾后，其恢复需要很长的时间。 |

| 烧毁林下植物资源 | ● 森林除了可以提供木材以外，林下还蕴藏着丰富的野生植物资源。森林火灾会烧毁这些珍贵的野生植物，或者改变其生存环境，使其数量显著减少，甚至导致某些种类灭绝。 |

| 引起水土流失 | ● 森林具有涵养水源、保持水土的作用。森林火灾过后，森林的这些功能会显著减弱，严重时甚至会消失。因此，严重的森林火灾不仅会引起水土流失，还会引起山洪暴发、泥石流等自然灾害。 |

| 引起空气污染 | ● 森林燃烧会产生大量的烟雾，其主要成分为二氧化碳和水蒸气，这两种物质约占所有烟雾成分的90%～95%。 |

| 威胁人民生命财产安全 | ● 森林火灾通常会造成人员伤亡。全世界每年的森林火灾导致千余人死亡。 |

● **森林火灾的起火条件**

发生森林火灾必须具备三个条件：可燃物、火险天气和火源。

（1）可燃物（包括树木、草灌等植物）是发生森林火灾的物质基础；

（2）火险天气是森林火灾发生的重要条件；

（3）火源是发生森林火灾的主导因素。

🟠 森林火灾的种类

根据森林火灾的燃烧中央地点、损害速度、受害部位和程度，可大致把森林火灾分为三大类：地表火、树冠火、地下火。

（一）地表火

火沿林地表面蔓延，烧毁地被物，危害幼树、灌木、下木，烧伤大树干基部和露出地面的树根等，一般温度在400摄氏度左右，烟为浅灰色。地表火约占森林火灾的94%。按蔓延速度和危害性质，地表火又可分为两类：一类为急进地表火，蔓延快，通常每小时达几百米至千余多米，燃烧不均匀，常留下未烧地块，危害较轻，火烧迹地呈长椭圆形或顺风伸展呈三角形；另一类为稳进地表火，蔓延慢，一般每小时仅几十米，烧毁所有地被物，乔灌木低层枝条也被烧伤，燃烧时间长，温度高，危害严重，火烧迹地呈椭圆形。

（二）树冠火

火沿树冠蔓延，主要由地表火在强风的作用下引起。破坏性大，能烧毁针叶、树枝和地被物等，一般温度为900摄氏度至1500摄氏度甚至更高，烟柱可高达几千米，常发生飞火，烟为暗灰色，不易扑灭。树冠火约占森林火灾的5%，多发生在长期干旱的针叶林内，一般阔叶林内不大发生。树冠火与地表火，上下齐头并进，林内大部分可燃物都被烧掉，是森林火灾中危害最严重的一种。火烧迹地为椭圆形。由于树冠火温度高、烟雾大，突进式树冠火和稳进式树冠火是无法进行扑灭的，只能借助自然环境如河流、溪流及沟壑等人工开辟隔离带，阻止火势蔓延。这也是森林火灾中危害最大、伤亡最多的火情。救火员在扑救森林大火时的伤亡大多来自树冠火，其产生烟雾引发窒息也是导致人员伤亡的主要原因之一。

（三）地下火

地下火又称泥炭火或腐殖质火。火在林地的腐殖质层或泥炭层中燃烧，地表看不见火焰，只见烟雾，蔓延速度缓慢，每小时仅4～5米，持续时间长，能持续几天、几个月甚至更长，可一直烧到矿物质层或地下水层。地下火破坏性大，能烧掉土壤中所有的泥炭、腐殖质和树根等，不易扑灭。火烧后林地往往出现成片倒木。地下火约占森林火灾的1%。其火烧迹地呈环形。多发生在特别干旱的针叶林地内。

森林防火指南

（一）森林防火"十不要"

（1）不携带火种进山；

（2）不要在林区吸烟、用火把照明；

（3）不要在山上野炊、烧烤食物；

（4）不要在林区内上香、烧纸、燃放烟花爆竹；

（5）不要炼山、烧荒、烧田埂草、堆烧等；

（6）不要让特殊人群和未成年人在林区内玩火；

（7）不要在野外烧火取暖；

（8）不要在乘车时向外扔烟头；

（9）不要在林区内狩猎、放火驱兽；

（10）不要让老、幼、弱、病、残者参加扑火抢险。

（二）森林防火"五不烧"

（1）未经批准不烧；

（2）未开好防火线不烧；

（3）未准备好扑火工具不烧；

（4）刮风、高温、干旱天气不烧；

（5）无人看守不烧。

森林火灾时如何进行自救

（一）快速进入安全区

进入火场安全区是最有效、最安全的自救方法。火场安全区主要是指空旷地、河流、小溪、火烧迹地，以及植被少、火焰低的地区，这些地方都是相对安全的，退入安全区后应及时拨打森林火警电话12119报警。

（二）按规范俯卧避险

当被火包围时，应就近选择植被少的地方卧倒，脚朝火冲来的方向，扒开浮土直到见着湿土，紧贴湿土呼吸，可避免烟尘呛晕致死，并用衣服包住头，双手放在身体正面。

（三）利用地形避险

利用附近河流、湖泊、耕地、砂石裸露或植被稀少的区域等有利地形躲避风险。

（四）卧倒避险

在河流、小溪、无植被或植被稀少地域及低洼地带，可用水浸湿衣物蒙住头部、捂住口鼻，或扒开生土层，两手放在胸前卧倒避险。卧倒时要尽量远离加油器、点火器、油桶等易燃物品，或将易燃物品扔出。

（五）按规范迎风突围

当火势凶猛，来不及逃离到安全区时，切忌顺风跑，应选择已经过火或杂草稀疏、地势平坦的地段，用衣服蒙住头部，快速逆风冲越火线，进入火烧迹地即可安全脱险。

绿意探秘
生态公益林的动植物奇遇

● **填一填：关于森林防火的知识**

主题		预防森林火灾　守护绿色家园
观察内容	沿途是否设置森林防火警示标识	
	沿途是否配置应急防火设施	
	沿途有哪些安全隐患	
拓展内容	森林中哪些物品容易引发火灾？	
	为什么森林火灾更容易在干燥的季节发生？	
	拟几个关于森林防火的宣传口号	

第四章
守护行动：公益林保护

成效评估

● 课程评价

学生课堂表现自评表			
评价内容	评价等级		
我能认真听导师讲课、听同学发言			
遇到我会回答的问题，我都主动举手发言			
我能积极参与小组讨论、参与合作			
我善于思考，并能有条理地表达自己不同的看法			
我能以恰当的方式指出同学解答中的错误			
我得到了导师的表扬、同学的赞赏			
我在学习的过程中感受到快乐			
最欣赏哪位同学的表现呢？为什么？			
我还有与这节课相关的问题问导师			

177

绿意探秘
生态公益林的动植物奇遇

● 记录教学总结与反思